Toni Pierenkemper
Richard Tilly

Die Geschichte der Drahtweberei

Dargestellt am Beispiel der Firma
Haver & Boecker, Oelde

aus Anlaß
des einhundertjährigen Bestehens
1887–1987

Franz Steiner Verlag Wiesbaden GmbH
Stuttgart 1987

CIP-Kurztitelaufnahme der Deutschen Bibliothek

Pierenkemper, Toni:
Die Geschichte der Drahtweberei : dargest. am Beispiel d. Firma Haver & Boecker, Oelde aus Anlass d. 100jährigen Bestehens 1887 – 1987 / Toni Pierenkemper ; Richard Tilly. – Stuttgart : Steiner-Verlag-Wiesbaden-GmbH, 1987.
(Zeitschrift für Unternehmensgeschichte : Beiheft ; 51)
ISBN 3-515-04899-5

NE: Tilly, Richard:; Haver und Boecker <Oelde>; Zeitschrift für Unternehmensgeschichte / Beiheft

Druck: Rheinhessische Druckwerkstätte, Alzey

Printed in the Fed. Rep. of Germany

VORWORT

Seit vielen Jahren trugen wir uns mit dem Gedanken, ein Buch über die Geschichte der Drahtweberei herauszugeben. Nach langem Suchen kamen wir mit den Herren Professoren Dr. Richard Tilly und Dr. Toni Pierenkemper vom Institut für Wirtschafts- und Sozialgeschichte der Westfälischen Wilhelms-Universität zusammen. Sie erklärten sich bereit, eine wissenschaftliche Abhandlung über die Geschichte der Drahtweberei zu schreiben.

Es war ein glücklicher Zufall, daß 1983 die von Gottfridus Casparus Haver am 12. Juni 1726, dem Tage seiner Hochzeit, begonnene Familienchronik wieder auftauchte. Das Orginal verbrannte 1945 bei einem Luftangriff auf Hagen im Hause von Dr. Paul Haver. Carl Haver, der Gründer der Drahtweberei Carl Haver & Ed. Boecker, hatte jedoch 1902 eine Abschrift angefertigt, die von ihm und seinen Söhnen Walther und Erich bis 1941 weitergeführt worden war. Durch die Wirren des Kriegsendes 1945 ging das Tagebuch verloren, wurde 1953 auf einem Flohmarkt in Brüssel für 5 Franken erstanden und gelangte in den Besitz von Frau Annegret Plass aus Pforzheim, die diese Familienchronik am 24. Mai 1983 dankenswerterweise der Familie Haver zurückgab.

Auch aus unserem umfangreichen Firmenarchiv konnten wir viele Unterlagen beisteuern, beispielsweise alle Bilanzen seit der Gründung 1887, Preislisten seit 1902 und eine Vielzahl anderer statistischer Unterlagen und Geschäftsberichte seit 1923.

Einen herzlichen Dank den Herren Professoren Dr. Richard Tilly und Dr. Toni Pierenkemper und allen, die zum Gelingen dieses Werkes beigetragen haben.

Zum 100. Geschäftsjubiläum am 25. August 1987 wird das Buch der Öffentlichkeit vorgestellt.

HAVER & BOECKER

E. F. Haver R. Haver

INHALT

Verzeichnis der Tabellen und Abbildungen 7

I: Einleitung: Einige methodische Vorbemerkungen zur historischen Unternehmensforschung 9

II: Die Geschichte der Drahtweberei bis zur Gründung der Firma Haver & Boecker im Jahre 1887 21

1. Die technologische Vorgeschichte der Drahtweberei 21
   Weben (Textilgewebe) 21
   Drahtziehen 23
   Drahtweben 26

2. Die Entwicklung der Drahtweberei bis zur Gründung der Firma Haver & Boecker 29
   Die ersten Gründungen von Unternehmen der Drahtgewebeindustrie 29
   Die Sauerländische Drahtgewebeindustrie 31
   Die Gründung der Firma Haver & Boecker 1887 35

III: Die Geschichte der Drahtweberei und der Firma Haver & Boecker bis zum Ersten Weltkrieg 41

1. Unternehmensorganisation und Geschäftsleitung 41
   Versuche zur Mechanisierung 41
   Verlegung der Firma nach Oelde 43
   Wechsel in der Geschäftsleitung 45

2. Arbeitsverhältnisse und Arbeiterschaft 49

3. Produktion und Absatz 55
   Produktion und Produktivität 56
   Absatz und Marktentwicklung 58

4. Finanzierung und Geschäftsergebnis 60

IV: Die Geschichte der Drahtweberei und der Firma Haver & Boecker in Kriegs- und Zwischenkriegszeiten 63

1. Unternehmensorganisation und Geschäftsleitung 63
   Geschäftsleitung 64
   Ausbau der Drahtweberei 68
   Aufbau einer Maschinenfabrik 70
   Verbandsbildung 76

2. Arbeitsverhältnisse und Arbeiterschaft 78
   Beschäftigung 79
   Arbeitsbedingungen 85

3. Produktion und Absatz 89
Absatz und Marktentwicklung 90
Produktion und Produktivität 98

4. Finanzierung und Geschäftsergebnis 102

V: Die Geschichte der Drahtweberei und der Firma Haver & Boecker in der Nachkriegszeit 104

1. Unternehmensorganisation und Geschäftsleitung 104
Wiederbeginn 104
Wechsel der Geschäftsleitung 106
Ausbau der Produktionskapazität 109
Zugang zu neuen Märkten 113

2. Arbeitsverhältnisse und Arbeiterschaft 117

3. Produktion und Absatz 123
Produktion und Produktivität 124
Absatz und Marktentwicklung 129

4. Finanzierung und Geschäftsergebnis 132

VI: Zusammenfassung und Ausblick 134

VII: Anhang 138

VERZEICHNIS DER TABELLEN UND ABBILDUNGEN

Abbildung 1:	Umsätze und Beschäftigte der Firma Haver & Boecker und Entwicklung des Sozialproduktes in Deutschland 1889–1986	19
Abbildung 2:	Die Wirtschaftsregionen Westfalens und die Lage von Hohenlimburg und Oelde	20
Abbildung 3:	Cartwrights mechanischer Webstuhle 1785	23
Abbildung 4:	Drahtzieher bei der Arbeit	24
Abbildung 5:	Zieheisen zum Grobziehen von Draht	25
Übersicht 1:	Gründungen der ersten Drahtwebereien, 1778–1854	30
Abbildung 6:	Bernhard Boecker genannt Strickstock-Berend	33
Abbildung 7:	Die Gründer Carl Haver und Eduard Boecker	35
Abbildung 8:	Das Haversche Haus in Schwerte mit dem Textilgeschäft	36
Abbildung 9:	Erstes Betriebsgebäude der Firma Haver & Boecker in Hohenlimburg, 1887	38
Abbildung 10:	Belegschaft in Hohenlimburg mit Carl Haver und Eduard Boecker in der Mitte	38
Abbildung 11:	Wohnhaus der Familie Haver in Hohenlimburg	39
Abbildung 12:	Walther Haver (1877–1914)	46
Abbildung 13:	Heinrich Lenz (1880–1953)	49
Tabelle 1:	Wochenlöhne in der Drahtgewebeindustrie, 1870–1913	50
Abbildung 14:	Ludwig Ostermann (1870–1945)	54
Tabelle 2:	Index der Arbeitsproduktivität bei Haver & Boecker, 1897–1929	56
Tabelle 3:	Zuwachsraten des Outputs sowie der Produktionsfaktoren Arbeit, Kapital und Material (nebst deren Gewichte und Preise), Haver & Boecker, 1897–1907	57
Abbildung 15:	Erich Haver (1880–1956)	64
Abbildung 16:	Erich Haver1937 in seinem Büro	64
Abbildung 17:	Fritz Haver (1894–1970)	67
Abbildung 18:	Fritz Haver 1937 in seinem Büro	67
Abbildung 19:	Eitel Fritz Haver als Kleinkind auf einem Werbeprospekt	69
Abbildung 20:	Die erste Haver-Packmaschine, 1925 gefertigt	72
Abbildung 21:	Alfred Bruder mit amerikanischen Mitarbeitern des technischen Büros, Milwaukee 1939	73
Abbildung 22:	Niagara-Schwingsieb (1930)	75
Abbildung 23:	Erste internationale Sitzung der Drahtgewebe-Fabrikanten, Baden-Baden 1920	76
Abbildung 24:	BITOM-Sitzung in Paris, April 1949	78
Tabelle 4:	Mitarbeiter von Haver & Boecker, 1920–1944	79
Tabelle 5:	Entwicklung der Wochenlöhne in der Drahtweberei Haver & Boecker, 1925–1946	80
Tabelle 6:	Einkommensentwicklung der Beschäftigten von Haver & Boecker, 1925–1930	82
Tabelle 7:	Jahreseinkommen verschiedener Beschäftigter bei Oelder Firmen, 1934–1945	88

Abbildung 25:	Schußeintrag beim Drahtweben	90
Tabelle 8:	Umsätze von Haver & Boecker, 1925–1986	96/97
Tabelle 9:	Die Entwicklung der Arbeitsproduktivität in der Drahtweberei von Haver & Boecker, 1902–1937	99
Tabelle 10:	Die Entwicklung von Großhandels-, Drahtgewebe- und Webereiinputpreisen bei Haver & Boecker, 1902–1939	100
Abbildung 26:	Rudolf Haver	107
Abbildung 27:	Eitel Fritz Haver	108
Abbildung 28:	Werk I, Oelde, Carl-Haver-Platz	110
Abbildung 29:	Werk II, Oelde-Ahmenhorst	111
Abbildung 30:	Werk Sendenhorst	112
Abbildung 31:	Werk Münster	113
Abbildung 32:	Lage des portugiesischen Zweigwerkes	114
Abbildung 33:	Werk PRETELA, Alverca, im Industriepark IMP	114
Abbildung 34:	Lage des brasilianischen Zweigwerkes	116
Abbildung 35:	Werk Monte Mor	116
Tabelle 11:	Mitarbeiter von Haver & Boecker, 1945–1986	118
Tabelle 12:	Tarif-Ecklohn der Metallindustrie 1948–1987	121
Tabelle 13:	Tatsächliche Wochenarbeitszeit der gewerblichen Arbeitnehmer in der Industrie, 1945–1982	121
Tabelle 14:	Leistungen der Altersversorgung von Haver & Boecker, 1951–1986	122/123
Tabelle 15:	Umsatz pro Beschäftigten im Wirtschaftssektor Bergbau und Energie, in der Branche Maschinenbau sowie bei Haver & Boecker, 1950–1985	125
Tabelle 16:	Jahreslaufzeit und durchschnittliche Schußzahl je Minute aller Webstühle bei Haver & Boecker, 1977–1986	127
Tabelle 17:	Produktivitätsentwicklung der Drahtweberei von Haver & Boecker, 1950–1985	127
Tabelle 18:	Jährliche Wachstumsraten der geschätzten Output- und Inputpreise der Drahtweberei von Haver & Boecker, 1950–1985	128
Abbildung 36:	Preisentwicklung für Drahtgewebe bei Haver & Boecker, 1950–1980	130
Abbildung 37:	Jährliche Wachstumraten der Umsätze und des Anlagevermögens von Haver & Boecker, 1950–1985	133
Tabelle 19:	Deutsche Drahtgewebe-Produktion und Ausfuhr 1965–1986, Japanische Drahtgewebe-Ausfuhr 1972–1986	136

I. EINLEITUNG
EINIGE METHODISCHE VORBEMERKUNGEN ZUR HISTORISCHEN UNTERNEHMENSFORSCHUNG

Ein Unternehmen wird einhundert Jahre alt: das ist zweifellos ein Grund zum Gratulieren, denn bereits das bloße Überleben stellt ja schon eine wesentliche Form des unternehmerischen Erfolges dar. Unter den Bedingungen des verflossenen Jahrhunderts der deutschen Geschichte erscheint das sogar als ein äußerst bemerkenswerter Erfolg. Aber das Unternehmen Haver & Boecker hat ja nicht nur überlebt, sondern es hat sich in diesem Zeitraum eindrucksvoll entwickelt, quantitativ wie qualitativ. Aus einem märkischen Zwölf-Mann-Betrieb ist ein diversifiziertes, international engagiertes Unternehmen mit rund tausend Beschäftigten geworden. In dieser Festschrift sollen deshalb die wichtigsten Etappen dieser Entwicklung dargelegt und mögliche Gründe für diesen bemerkenswerten Erfolg diskutiert werden.

Aber eine solche Festschrift ist mehr als nur eine private Erfolgsmeldung; sie bietet zugleich auch die Chance, an einem konkreten mikroökonomischen Beispiel Grundzüge der Wirtschaftsgeschichte, insbesondere auch der Unternehmensgeschichte in den letzten einhundert Jahren herauszuarbeiten. Im folgenden soll diese Chance genutzt werden. An den passenden Stellen werden dabei die Zusammenhänge, die über die Geschichte der Firma Haver & Boecker hinausweisen, jeweils einbezogen. Weil diese Stellen aber nicht in einer systematischen Beziehung zueinander stehen, da die Darstellung der Entwicklung der Firma Haver & Boecker jeweils folgt, erscheint es angebracht, in den einleitenden Bemerkungen einige wirtschafts- und sozialhistorische Thesen erläuternd voranzustellen, welche auch die nachfolgende Geschichte der Firma Haver & Boecker besser zu verstehen erlauben.

Zunächst soll dabei kurz der familiengeschichtliche Hintergrund der Firma gewürdigt werden. Es folgen einige Bemerkungen zu den Problembereichen Familie und Unternehmensführung, Finanzierung, technischer Fortschritt, Absatzentwicklung und Arbeiterschaft. Eine knappe Skizze der deutschen Unternehmensgeschichtsschreibung rundet diese Ausführungen ab. Als Übergang zum Haupttext wird dann ein knappes Bild der Entwicklung der Firma Haver & Boecker in den letzten einhundert Jahren vor dem Hintergrund der deutschen Wirtschaftsentwicklung in diesem Zeitraum präsentiert, ergänzt durch eine Darstellung der Standortverlagerung des Unternehmens kurz nach seiner Gründung.

I

1. Für die Unternehmensgeschichtsschreibung erscheint die Hypothese einer *tabula rasa,* d.h. einer voraussetzungslosen Unternehmensgründung als ein denkbar ungeeignetes Ordnungsprinzip. Denn jedes Unternehmen hat eine besondere Vorgeschichte – ein banaler Satz, dennoch betonenswert. Diese Vorgeschichte fällt in der Regel mit der Geschichte einer Familie zusammen, die wiederum häufig selbst unternehmerisch geprägt war[1]. Die Vorgeschichte

1 Vgl. die Ausführungen für deutsche und bes. westdeutsche Unternehmerfamilien von F.A. Zunkel, Der Rheinisch-Westfälische Unternehmer, 1834–75. Dortmund 1962, 13–33; und J. Kocka, Unternehmer in der deutschen Industrialisierung, Göttingen 1975.

eines Unternehmens erscheint vor allem deshalb wichtig, weil sie die Voraussetzungen für die spätere Entwicklung entscheidend mitbestimmt. Im vorliegenden Fall der Firma Haver & Boecker sind mindestens drei Dimensionen einer „Bestimmung durch die Vorgeschichte“ erwähnenswert.

(1) Die soziale Position der Gründerfamilie

Aus dem Stammbaum der Familie Haver und den sonstigen, freilich spärlich fließenden Informationsquellen läßt sich die Entwicklung der Familie bis ins 16. Jahrhundert zurückverfolgen. Man erkennt eine fest im aufstrebenden Bürgertum verankerte Familie, bei der Besitz, Bildung und Erfolgsstreben als prägende Eigenschaften hervorzuheben sind. Sie gehörte noch nicht zur Elite der Gesellschaft, war auch nicht besonders vermögend, aber im Vergleich zur Gesamtbevölkerung dieser Zeit verfügte die Familie dank der genannten Eigenschaften aber bereits über einen beachtlichen Startvorteil, der zum Verständnis der folgenden Entwicklung nicht ganz ausgeblendet werden sollte[2].

(2) Religion und Religiösität als wichtiges Lebensgut

Im vorhergehenden Absatz wurde die tiefe Religiösität der Familienmitglieder nicht eigens erwähnt, dies nicht, weil sie nicht bloß zur Vorgeschichte gehört, sondern weil sie eine besondere Erwähnung verdient. Die Bindung an den Protestantismus und insbesondere an den Lutheranismus erscheint von überragender Bedeutung für die gesamte Familiengeschichte. Das ist deshalb interessant, weil in der deutschen Wirtschafts- und Sozialgeschichte seit jeher bedeutende Versuche gemacht wurden, Religion und vor allem den Protestantismus zur Erklärung erfolgreichen unternehmerischen Handelns, ja sogar zur Erklärung der Industrialisierung insgesamt, heranzuziehen[3]. Auf dieses weite Feld einer historischen Kontroverse wollen wir uns hier nicht begeben. Im Zusammenhang mit der Familie Haver ist jedoch zweierlei hervorzuheben: *erstens* der unübersehbare hohe Stellenwert, den Religion als Teil der Lebensweise der Familie im 19. und 20. Jahrhundert spielte, wobei natürlich auch Beispiele religiösen Verhaltens zu mobilisieren wären, die in keinem unmittelbaren Zusammenhang mit erfolgreichem unternehmerischen Handeln stehen[4], und *zweitens* der vermutlich enge Zusammenhang zwischen Protestantismus einerseits und Bildungsstreben andererseits, der sich ebenfalls in der Familiengeschichte widerspiegelt und der sich nicht nur durch den Stammbaum, sondern auch durch einige Beispiele aus der Chronik für das 19. und 20. Jahrhundert belegen läßt[5].

2 Auch in der Geschichte einer berühmten Unternehmerfamilie, wie der der Krupps, sind solche Wurzeln beachtenswert. Vgl. W.A. Berdrow, Alfred Krupp, 2 Bde., I, Berlin 1926.

3 Der *locus classicus* war natürlich Max Weber. Die protestantische Ethik und der Geist des Kapitalismus (1904–05), *in:* ders., Gesammelte Aufsätze zur Religionssoziologie, Tübingen 1920. Vgl. auch E. Troeltsch, Die Bedeutung des Protestantismus für die Entstehung der modernen Welt, 3. Aufl., München 1924. Für das rheinisch-westfälische Gebiet auch Zunkel, Der Rheinisch-Westfälische Unternehmer, S. 29–32.

4 Z.B. gründete Karl Wilhelm Haver 1852 eine altlutheranische Glaubensgemeinde in Radevormwald; Walther Haver, der älteste Sohn des Firmengründers, wollte eigentlich Theologie studieren; und im Lebenslauf eines anderen Sohnes, Carl jun., der nach verschiedenen Unternehmertätigkeiten im Alter von 46 Jahren tatsächlich Theologie studiert hat und der schließlich 1935 in Schalkau (bei Eisenach) Pfarrer geworden war, kommt ebenfalls die Bedeutung der Religion für die Familie klar zum Ausdruck. Vgl. hierzu weiter unten, Kap II, S. 40. Für Carl Haver jr., siehe unten, Anmerkung 55. Der Hinweis auf Karl Wilhelm Haver stammt aus der „Chronik der Familie Haver“. Dazu vgl. S. 36 Anm. 51.

5 Nicht zuletzt das Beispiel der Wahl des Wohnortes Gütersloh wegen der Konfessionsschulen.

(3) Standort und Branche der industriellen Betätigung

Wegen der kaufmännischen Erfolge eines Zweiges der Vorfahren in Hohenlimburg und der Rolle der Firma Boecker & Haver in der Frühphase der modernen Drahtgewebeindustrie dort war auch für das neue Unternehmen Haver & Boecker schon eine Vorentscheidung hinsichtlich Branche der Geschäftstätigkeit und Standort des Unternehmens gefallen. Darauf wird weiter unten noch genauer einzugehen sein. An dieser Stelle soll lediglich hervorgehoben werden, daß sich im gewerbereichen märkischen Raum seit dem 18. Jahrhundert günstige Voraussetzungen für die Gründung weiterer Industrieunternehmen – besonders, aber nicht ausschließlich, in der Drahtverarbeitung – entwickelt hatten. Der positive Beitrag einer solchen regionalen gewerblichen Tradition für den Erfolg von Neugründungen ist generell zur Beurteilung der deutschen Industrialisierung im späten 19. Jahrhundert heranzuziehen und erscheint keinesfalls gering[6].

2. Nicht nur für die Gründung der Firma Haver & Boecker war die Familie als Startvoraussetzung von ausschlaggebender Bedeutung, sondern auch später blieb sie weiterhin prägendes Strukturelement für die Entwicklung des Unternehmens. Bis heute besteht die Firma ja immer noch als ein Familienunternehmen, ein Beleg auch für die dynamische Kraft solcher Art von Unternehmen, deren Rolle in der deutschen Wirtschaftsgeschichte bedauerlicherweise bis heute unterbelichtet und deshalb vermutlich auch unterschätzt worden ist[7]. In der Unternehmensgeschichtsschreibung hat man wohl mit Recht gelegentlich auf die positive Rolle der Familie gerade in der Anfangsphase eines Unternehmens als Vermittler von Informationen und von anderen ökonomischen Ressourcen, wie z.B. Kapital, hingewiesen[8]. Auch die Geschichte der Firma Haver & Boecker bietet ein weiteres Beispiel, das zeigt, daß die Überlegenheit der Familie gegenüber dem „anonymen“ Markt nicht auf die Frühphase der deutschen Industrialisierung, also bis ca. 1870, beschränkt blieb, sondern auch für spätere Zeiträume, wie z.B. hier von 1887 bis 1897, gültig bleibt[9].

Nach Überwindung der Anfangsschwierigkeiten bleibt für den Aufstieg des Unternehmens die Familie auch weiterhin relevant. Die Überlebensfähigkeit eines Familienunternehmens hängt in längerer Sicht besonders von der Qualität des eigenen Nachwuchses ab. Die Unternehmensgeschichtsschreibung im allgemeinen zeigt, daß erfolgreiche Unternehmenserben relativ selten waren[10]. Es zeigt sich auch, daß persönliche Qualitäten, welche unter bestimmten Bedingungen, wie z.B. bei kleinen Betriebsgrößen, zum Erfolg führen, unter

6 Teilweise bei K.H. Kaufhold, Das Metallgewerbe der Grafschaft Mark, Dortmund 1975; ders., Handwerk und Industrie, 1800–1850, und W.A. Fischer, Bergbau, Industrie und Handwerk, beide *in:* H. Aubin und W. Zorn (Hg.), Handbuch der deutschen Wirtschafts- und Sozialgeschichte, Bd. 2, Stuttgart 1976.

7 Das Problem liegt freilich in der Größe, denn das o.a. Urteil trifft verständlicherweise mehr für kleinere Unternehmen zu. Die Krupps, Thyssens, Stinnes, Siemens u.a.m. haben in der deutschen Wirtschafts- und Sozialgeschichte wohl ausreichend Platz gefunden.

8 Hierzu Kocka, Unternehmer, S. 67 u. 86; ders., Familie, Unternehmer und Kapitalismus. An Beispielen aus der frühen deutschen Industrialisierung, *in:* Zeitschrift für Unternehmensgeschichte 1979/3, S. 99–135, auch H. Kisch, Die hauswirtschaftlichen Textilgewerbe am Niederrhein vor der industriellen Revolution, S. 100ff.

9 Vgl. weiter unten Kap. III 4, S. 60f.

10 Für Großbritannien und Frankreich im 19. und 20. Jahrhundert referiert C. Kindleberger eine breite Literatur, die sich mit dieser Frage beschäftigt. Es gibt viele Beispiele von Brüchen, die auch häufig Gründe für die Umwandlung in eine A.G. o.a. abgaben. Vgl. C. Kindleberger, Economic Growth in France and Britain. Cambridge, Mass. 1964; aber eine „Buddenbrooks Abfolge“ scheint auch nicht systematisch belegbar zu sein. Vgl. hierzu A.A. Church, Family Firms and Managerial Capitalism: The Case of the International Motor Industry, *in:* Business History, Bd. 28 (1986). Für die deutsche Situation auch Kocka, Unternehmer, S. 115ff. und R. Tilly, The Growth of Large-Scale Enterprise in Germany since the mid–19th Century, *in:* H. Daems und H. van der Wee, The Rise of Managerial Capitalism, Louvain 1974, S. 154–156.

anderen Bedingungen Erfolgshindernisse sein konnten. Brüche oder Mißerfolgsphasen in der Entwicklung mancher Großunternehmen werden z.B. darauf zurückgeführt, daß starke Unternehmerpersönlichkeiten Modernisierungstendenzen gebremst haben, weil diese mit einer Infragestellung oder Untergrabung ihrer persönlichen Macht über das Unternehmen verkoppelt gewesen waren[11]. Im Falle von Haver & Boecker entsteht nicht von Anfang an ein Großunternehmen, aber immerhin führt eine kontinuierliche Entwicklung in Richtung auf ein Großunternehmen hin, ein Erfolg, der nicht allein durch eine glückliche Abfolge von drei tüchtigen Generationen bewirkt wurde, sondern auch durch manche rechtlichen und organisatorischen Veränderungen, wie z.B. die vertragliche Regelung der Eigentumsverhältnisse, abgesichert werden mußte. Ohne an dieser Stelle bereits auf Details einzugehen, ist festzuhalten, daß die Beziehungen zwischen Familie und Firma traditionsgemäß so geregelt waren, daß dem Fortbestehen der Firma der klare Vorrang gegenüber den Interessen einzelner Familienmitglieder eingeräumt wurde[12].

3. Über die Finanzierung in den ersten Lebensjahren des Unternehmens wurde im Zusammenhang mit der Rolle der Familie schon das Wichtigste gesagt. Nicht nur das Startkapital stammte aus dem Familienvermögen, sondern auch erhebliche weitere Kredite und Darlehen, die in den ersten Jahren nötig waren, als noch keine Gewinne erzielt werden konnten, wurden aus dem Vermögen der Familie finanziert. Sobald Gewinne erwirtschaftet wurden, dienten sie der Finanzierung von Investitionen[13]. Es gibt gute Gründe anzunehmen, daß ein solches, aus den Anfängen der Firma Haver & Boecker hergeleitetes Finanzierungsmuster, typisch für junge Industrieunternehmen im 19. Jahrhundert gewesen ist. Die Literatur scheint darüber völlig einig[14]; und auch die Erfahrung der größeren, meist als Aktiengesellschaft organisierten Unternehmen bis 1914 zeigte ebenfalls eine deutliche Vorliebe für die Selbstfinanzierung, obwohl es sich hier um Firmen handelte, die auch an den Kapitalmarkt hätten gehen können[15]. Weil Banken in diesem Zusammenhang fast gar keine Rolle spielen – freilich wissen wir, daß sie auch von kleineren und mittleren Firmen zur Finanzierung kurzfristiger Handelskredite beansprucht wurden –, muß man sich fragen, ob und gegebenenfalls inwiefern die immer wieder betonte Rolle der deutschen Großbanken als Antriebsfaktor der Industrialisierung, noch mehr als bislang schon geschehen, relativiert werden müßte[16].

11 Alfred Krupp in den 1880er Jahren oder Werner Siemens in den 1890er Jahren sind zwei klassische Beispiele. Vgl. hierzu W. Boelcke, Krupp und die Hohenzollern, Frankfurt 1970, S. 99; J. Kocka, Unternehmensverwaltung und Angestelltenschaft, Stuttgart 1969, S. 383ff.

12 Einige Hinweise müssen hier genügen. 1915 wird die Firma wegen des Todes Walther Havers, des eigentlichen Nachfolgers Carl Havers, in eine KG umgewandelt. 1923 werden die Eigentumsanteile der Familienangehörigen geregelt, 1938 noch einmal. Auch die Erteilung der Prokura an leitende Angestellte u.a. gehört zu diesem Thema. Vgl. weiter unten Kap. IV 1, S. 66f.

13 Vgl. Kap. III 4, S. 60f.

14 Vgl. P. Coym, Unternehmensfinanzierung im frühen 19. Jahrhundert, dargestellt am Beispiel der Rheinprovinz und Westfalens, Diss. Univ. Hamburg 1971; H. Pohl, Formen und Phasen der Industriefinanzierung bis zum 2. Weltkrieg, *in:* Bankhistorisches Archiv, 9. Beiheft, Frankfurt/M. 1983, und Literatur dort. Ganz ähnlich übrigens auch etwa zur gleichen Zeit in der späteren Weltfirma Bosch. Vgl. dazu Toni Pierenkämper, Robert Bosch – der Industrielle, *in:* Kultur & Technik, 1987/I, S. 4–18.

15 Vgl. W. Feldenkirchen, Die Eisen- und Stahlindustrie des Ruhrgebietes, 1879–1914, S. 126f. u. 269ff.; ders., Zur Finanzierung von Großunternehmen in der chemischen und elektrotechnischen Industrie Deutschlands vor dem Ersten Weltkrieg, *in:* R. Tilly (Hrsg.), Beiträge zur quantitativen vergleichenden Unternehmensgeschichte, Stuttgart 1985.

16 Vgl. hierzu R. Tilly, German Banking 1850–1914, Development Assistance for the Strong? *in:* Journal of European Economic History, 1986/1, S. 113–152, insb. S. 148ff.; vgl. auch W. Fischer, Das Kleingewerbe im wirtschaftlichen Wachstumsprozeß, *in:* Fischer, Wirtschaft und Gesellschaft im Zeitalter der Industrialisierung, Göttingen 1972, S. 347, wo auf den Zusammenhang Kleingewerbe und Kreditgenossenschaften hingewiesen wird.

4. Ein zentrales Thema der neueren Wirtschaftsgeschichtsschreibung wird mit dem Begriffspaar Innovation und technischer Fortschritt umschrieben. „Innovationen“ beschreiben dabei Veränderungen innerhalb der Produktpalette oder bei den Produktionsprozessen, während „technischer Fortschritt“ mehr die ökonomischen Ergebnisse jener Innovationen benennt. Die ökonomischen Effekte von Innovationen werden üblicherweise durch die Veränderungen der Produktivität der Einsatzfaktoren gemessen oder, wenn dies nicht möglich ist, nur qualitativ beschrieben. In der neueren Diskussion läßt sich einige Bereitschaft erkennen, die positive Rolle kleinerer Unternehmen bei der Initiierung von Innovationen und der Realisierung des technischen Fortschritts in den letzten einhundert Jahren anzuerkennen. Trotzdem besteht weiterhin die Neigung, besonders im 20. Jahrhundert, die Innovationsfähigkeit der Großunternehmen, und vor allem ihrer Forschungs- und Entwicklungsabteilungen, in den Mittelpunkt der Betrachtung zu stellen[17]. Es lassen sich jedoch gute Gründe anführen, diese einseitige Sichtweise zu revidieren, denn auch in der jüngeren Wirtschaftsentwicklung Deutschlands zeigt sich immer noch ein hoher Anteil kleinerer und mittlerer Unternehmen an den wichtigsten Innovationen[18].

Ein endgültiges Urteil über den eigentlichen Träger von Innovationsprozessen muß auch die häufig gemachte Unterscheidung zwischen sog. „Basisinnovationen“ und „Verbesserungen“ in Rechnung stellen[19]. Schaut man nämlich auf die *Effektivität* von historischen Innovationen und deren Umsetzbarkeit in Produktivitäts- und Unternehmensgewinne, so stellt man nicht selten fest, daß sogenannte ‚Verbesserungen‘ genausoviel oder sogar mehr zum Gewinn beigetragen haben als die ursprünglichen „Basisinnovationen“[20]. Auf die Geschichte der Drahtgewebeindustrie und im besonderen auf das Unternehmen Haver & Boecker übertragen, muß man angesichts dieser Erkenntnis die Bedeutung von zentralen Innovationen, wie z.B. die Einführung des Steckschützen-Webstuhls, seit 1923 relativieren, weil in diesem Fall die technische Effizienz und der betriebswirtschaftliche Erfolg nicht so sehr von der bloßen Übernahme dieser Neuerung abhingen, als vielmehr von deren Modifikation und Anpassung an die besonderen Kosten- und Absatzbedingungen der Firma. Vermutlich waren für den Erfolg dieser Innovationen die von der Firma eigenständig gemachten „Verbesserungen“ an den Stühlen wichtiger als die Basis-Innovation selbst. Z.B. läßt sich die 1937 von Otto Kiesel angebrachte Verbesserung an den Feinwebstühlen bei Haver & Boecker in diesem Sinne anführen. Auch der Bericht der britischen Kommission über die Oelder Drahtweberei vom Winter 1945 läßt sich hier zitieren: nicht die Grundtechnik, sondern die Sondervorrichtungen machten zu diesem Zeitpunkt die technische Überlegenheit Haver & Boeckers aus[21].

Dem kontradiktorischen Zusammenhang „Basisinnovation“ versus „Verbesserung“ vergleichbar erscheint die Unterscheidung zwischen „Invention“ und „Imitation“. Den Werturteilen unseres Zeitalters folgend neigt die Wirtschaftsgeschichte eher dazu, die Invention

17 Zum ersteren, W. Fischer, Das Kleingewerbe; zum letzteren, H. van der Wee, Der gebremste Wohlstand, München 1984, bes. Kap. 5, auch Kocka, Unternehmer.

18 Vgl. hierzu die im großen und ganzen stützende, aber doch z.T. divergierenden Hinweise bei M. Grunt, Technische Innovationen in mittleren Industrieunternehmen, Münster 1984; der Bericht der OECD, Technical Change and Economic Policy, Paris 1980; auch H.-J. Ewers, Kleine und mittlere Unternehmen als Ansatzpunkt einer beschäftigungsorientierten Strukturpolitik, *in:* H.-J. Ewers und H. Schuster (Hrsg.), Probleme der Ordnungs- und Strukturpolitik. Festschrift für Hellmuth St. Seidenfus, Göttingen 1984. Und für weitere Beispiele aus der Textilindustrie siehe J. Ripkin, Innovationsprozesse in der Textilindustrie (Bd. 25, Schriften zur Textilwirtschaft), Frankfurt 1981, bes. S. 43–45, 268–276.

19 Hierzu: G. Mensch, Das technologische Patt, Frankfurt 1975, auch A. Kleinknecht, Innovation Patterns in Crisis and Prosperity, Amsterdam 1984, bes. Kap. 3.

20 Vgl. R. Fremdling, Technologischer Wandel und internationaler Handel im 18. und 19. Jahrhundert, Berlin 1986, z.B. S. 18–20, 375–376; N. Rosenberg, Perspectives on Technology. Cambridge 1976, S. 68ff.

21 Vgl. Kap. IV 3, S. 98ff. und Kap. V 1 und 3.

bzw. Innovation wesentlich höher einzustufen als deren Imitation[22]. Doch hängt der Beitrag einer Neuerung zum Produktivitätsgewinn und Geschäftserfolg eben nicht von ihrer technischen Originalität ab. Die Geschichte der Drahtweberei von Haver & Boecker zeigt, daß eine Politik der selektiven Imitation recht erfolgreich sein kann. Nicht nur der mißglückte Versuch, die mechanische Drahtweberei bereits 1890/91 einzuführen, kann als negativer Beleg für diese These angeführt werden, sondern auch die wiederholten Fälle erfolgreicher Einführung von amerikanischen Verfahren und Produkten in den 1920er Jahren bieten positive Belege für den Erfolg einer Strategie selektiver Imitation[23]. Imitationen, so scheint es, können eher – und nicht nur in der Drahtgewebeindustrie – zum Erfolg führen als das Streben nach technischer Originalität, ganz abgesehen davon, daß sinnvolle Imitationen ebenfalls ein erhebliches Maß an Kreativität und technischen Kenntnissen voraussetzen.

Zum Thema Innovation und technischer Fortschritt gehört schließlich auch eine Betrachtung der Veränderungen in der Produktpalette des Unternehmens, d.h. die Produktinnovation. Die Geschichte der Firma Haver & Boecker läßt sich als ein Paradebeispiel für die Bedeutung von Produktinnovationen ansehen. Im Laufe eines Jahrhunderts wurde aus einer Drahtweberei ein diversifiziertes Drahtverarbeitungs- und Maschinenbauunternehmen. Gerade in kritischen Phasen hat die Firma Veränderungen ihres Produktionsprogramms rechtzeitig und zielstrebig herbeigeführt[24]. Vermutlich würde eine nähere Prüfung der unternehmenshistorischen Literatur ergeben, daß Produktinnovationen generell einen wichtigen Schlüssel, wenn nicht sogar „den“ Schlüssel zum Unternehmenserfolg darstellen[25]. Aber Produktinnovationen stellen darüber hinaus für die Würdigung des Innovationsprozesses und des technischen Fortschrittes insgesamt ein wichtiges Phänomen dar. Will man die „Früchte“ einer Innovation an Hand der Outputsteigerung pro eingesetztem Produktionsfaktor messen, so ist das nur bei konstanter Produktqualität möglich; bei einer qualitativen Veränderung der Produktion entfällt die Grundlage für eine eindeutige Messung. Eine zusätzliche, aber vermutlich unvermeidliche Komplikation dieses Sachverhaltes resultiert aus den häufig simultan mit Produktinnovationen stattfindenden Veränderungen der Qualität der Produktionsinputs, z.B. im Wege der Ersetzung der Arbeiter durch technische Angestellte. Aus diesem Grunde empfiehlt es sich bei industrie- und unternehmenshistorischen Studien hinsichtlich des Ausmaßes des Innovationsprozesses nicht allein einfache Produktivitätsberechnungen anzustellen[26]. In der Regel führt ein solches Verfahren zu einer mehr oder weniger großen Unterschätzung des tatsächlich realisierten Fortschritts.

5. Der Hinweis auf die Bedeutung von Produktinnovationen für den Erfolg einzelner Unternehmen unterstreicht zugleich den hohen Stellenwert der Absatzentwicklung. Allein die sachliche Trennung der Themen Absatzentwicklung und Innovationen ist zum großen Teil als ein methodischer Kunstgriff zu verstehen, denn Absatzerfolge und Innovationen sind natürlich eng miteinander verzahnt. Am Beispiel der Geschichte der Firma Haver & Boecker kann man diese Verknüpfung deutlich beobachten. Die Kenntnisse über die neuen Produktionsmethoden sowie über neue Ersatzprodukte werden in der Regel über Absatzerfahrungen gewonnen. Die Entscheidung über die Aufnahme einer neuen Produktsparte wurde deshalb

22 N. Rosenberg, Perspectives, S. 75f.
23 Vgl. Kap. IV 3, S. 91.
24 Vgl. Kap IV 3, ebd.
25 Die Firma Krupp kann wiederum als ein positives Beispiel in diesem Zusammenhang angeführt werden. Vgl. Boelcke, Krupp und die Hohenzollern und Bedrow, Alfred Krupp. 2 Bde. Leider geht Fritz Blaich in seinem sonst so wichtigen Beitrag zur Absatzstrategie deutscher Unternehmen auf diesen Aspekt gar nicht ein. F. Blaich, Absatzstrategien deutscher Unternehmen im 19. und in der ersten Hälfte des 20. Jahrhunderts, *in:* Hans Pohl (Hrsg.), Absatzstrategien deutscher Unternehmen. Gestern - Heute - Morgen (Zeitschrift für Unternehmensgeschichte, Beiheft 23), Wiesbaden 1982.
26 Wie das weiter unten Kap. IV 3, S. 99ff. unternommen wurde.

auch in der Regel aufgrund der Absatzentwicklung getroffen. Obwohl zeitweise und fallweise auch Marketingbemühungen als wichtige betriebswirtschaftliche Mittel zur Erhaltung eines Marktanteils für bestimmte Produkte eingesetzt wurden, kann man generell von einer Einbahnstraße von der Produktentwicklung hin zu den Absatzmärkten sprechen[27]. Absatz und Handel haben einen ganz besonderen Stellenwert für die Geschichte der Firma Haver & Boecker und vieler vergleichbarer Unternehmen.

Die Absatzseite der Unternehmensentwicklung betrifft auch die Frage des Wettbewerbs und der Auseinandersetzung mit den konkurrierenden Anbietern. Ob Innovationen vorgenommen und ob diese überwiegend als Prozeß- oder als Produktinnovationen durchgeführt werden, sind Fragen, die durch Wettbewerbsverhältnisse einer Industrie entscheidend mitbestimmt werden. In der Drahtgewebeindustrie handelte es sich in den letzten einhundert Jahren immer um eine relativ geringe Zahl von Anbietern, verteilt sogar auf verschiedene Spezialprodukte; aber dennoch war der Wettbewerb intensiv. Zwei bis drei Firmen reichen ja bereits aus, um eine harte Konkurrenzsituation herbeizuführen.

An die Wettbewerbsverhältnisse der Branche knüpfen zwei Fragen von allgemeinem unternehmenshistorischen Interesse an. Erstens gelang es in dieser Industrie zeitweise, z.B. in den 1920er und 1930er Jahren, erfolgreiche Preis- und Absatzvereinbarungen unter den Konkurrenten herbeizuführen. Es stellt sich daher die Frage nach den Ursachen der erfolgreichen Kartellbildung[28]. Zweitens entstand durch die Kombination von Kooperationsvereinbarungen und gleichzeitig vorgenommenen Produktinnovationen zeitweise eine fast monopolartige Marktsituation. Daraus leitet sich die Frage ab, ob diese partielle bzw. zumindest vorübergehende Ausschaltung der Konkurrenz eine Voraussetzung dafür gewesen ist, daß dynamisches Unternehmensverhalten zum industriellen Wachstum entscheidend beitragen konnte. Es gibt Anzeichen dafür, daß diese Frage im Falle der Geschichte der Drahtgewebeindustrie zu bejahen ist[29].

6. Die Geschichte eines Industrieunternehmens hat auch sehr viel mit der Geschichte seiner Arbeiterschaft zu tun. In zahlreichen Industrieunternehmen des 19. Jahrhunderts läßt sich das Aufeinandertreffen zweier Traditionen, der des Handels und der des Handwerks, beobachten, und auch in der Drahtgewebeindustrie kann ein solches Zusammentreffen vermutet werden[30]. Möglicherweise ist das gescheiterte Experiment der Firma Haver & Boecker mit dem mechanischen Drahtwebstuhl 1890/91 als ein Versuch zu sehen, die Grenzen der handwerklichen Tradition schnell zu überspringen. Ebenso läßt sich auch die Verlegung des Firmensitzes von Hohenlimburg nach Oelde im Jahre 1897 als Teil einer Suche nach einer anderen, billigeren Arbeiterqualität verstehen, obwohl hier die verfügbaren Quellen hauptsächlich die größere Anzahl der verfügbaren Arbeitskräfte betonen[31]. Sicher ist, daß die Frage der Rekrutierung, Ausbildung und Motivierung der Arbeiterschaft immer einen wichtigen Faktor bei den Überlegungen industrieller Unternehmen, wie Haver & Boecker, dargestellt hat. Die Bedeutung dieses Faktors hat sich auch im Laufe des Jahrhunderts nicht vermindert, wofür

27 Vgl. Kap. IV 3, S. 92. Für einen allgemeinen unternehmensgeschichtlichen Überblick vgl. auch F. Blaich, Absatzstrategien Deutscher Unternehmen.

28 Vgl. Kap. IV 1, S. 76ff.

29 Auch für die Geschichte der deutschen Eisen- und Stahlindustrie. Vgl. S. Webb, Cartels, Technology and Growth in the German Steel Industry, 1879 to 1914, *in:* Journal of Economic History 40 (1980). Die rege Patentaktivität der Firma Haver & Boecker spricht für diese These.

30 Für diese Fragen vgl. D. Landes, What Do Bosses Really do? *in:* Journal of Economic History 1986. Vgl. auch J. van Klaveren, Die industrielle Revolution und das Eindringen des Fabrikanten in den Handel, Dortmund 1972.

31 Vgl. Kap. III 1, S. 43ff.

u.a. der Aufbau weiterer Zweigwerke im In- und Ausland, die Einrichtung eines Lehrlingsausbildungsprogramms sowie verschiedene sozialpolitische Maßnahmen sprechen[32].

Wesentlich für die Entwicklung der Industrieunternehmen im 20. Jahrhundert werden zwei wichtige Grundzüge angesehen, die hier zum Schluß noch genannt werden sollen, nämlich erstens aus betriebswirtschaftlichen Gründen Arbeitnehmer durch positive Anreize zu verbesserten Arbeitsleistungen anzuspornen bzw. zugleich auch dem im 20. Jahrhundert gestiegenen Einfluß der Gewerkschaftsbewegung und des Sozialismus unter den Arbeitnehmern entgegenzuwirken[33]. Eine Gewichtung der beiden unterschiedlichen Motive scheint weder möglich noch nötig, beide sind wichtig. Zweitens läßt sich im Zusammenhang mit den Innovationen und dem technischen Fortschritt eine Strukturverschiebung in Richtung auf eine vermehrte Beschäftigung hochqualifizierter technischer Angestellter feststellen. Im allgemeinen scheint dieser Wandel in Deutschland mit einer Minderung der Spannung zwischen Arbeitgebern und Arbeitnehmern einherzugehen. Man fragt sich, ob und gegebenenfalls inwiefern dies auf Kosten der betriebswirtschaftlichen Flexibilität der Unternehmen geschehen ist. Natürlich ist es eine andere Frage, ob zu dieser Entwicklung auf Unternehmensebene, die tatsächliche Entwicklung der Wirtschaft in den letzten 100 Jahren einmal vorausgesetzt, überhaupt eine Alternative bestanden hätte.

II

Die sechs im vorausgehenden angesprochenen Fragestellungen verdeutlichen das Interesse, das ein zeitgenössischer Wirtschaftshistoriker an der Geschichte eines einzelnen Unternehmens haben könnte. Die entsprechenden Fragen widerspiegeln somit zugleich den gegenwärtigen Zustand des Faches und den Stand der wissenschaftlichen Forschung. Eine wissenschaftliche Disziplin befindet sich immer aber auch in der Entwicklung. Dies gilt natürlich ebenfalls für die Unternehmensgeschichte. Das Fach hat sich überwiegend in der Auseinandersetzung mit der Entstehung und Entwicklung der industriellen Unternehmungen herausgebildet und gibt daher in seinem jeweiligen Zustand Auskunft über die zeitgenössischen Interessen, die sich mit seinem Objekt verbinden. Deshalb erscheint es zur Verdeutlichung der Besonderheiten der aktuellen Forschungslage hilfreich, auch einen kurzen Blick auf die Entstehungsgeschichte und die Perspektivverschiebungen des Faches Unternehmensgeschichte zu werfen.

Von Anbeginn an entwickelte sich die deutsche Unternehmensgeschichte im Vergleich zu den USA mehr als „Firmengeschichte" im engeren Sinne, d.h. als eine Geschichtsschreibung, die sich der mikroökonomischen Betrachtung des Geschäftslebens unter weitgehender Ausklammerung der sozialen Verhältnisse der Geschäftsführer etc. zuwandte. Letztere wurden in einem besonderen Fachgebiet, den „Unternehmerbiographien", untersucht, die – ähnlich Firmengeschichten – gegen Ende des 19. Jahrhunderts verstärkt angefertigt wurden[34]. Die

32 Vgl. Kap. V 1, S. 113.

33 Genauer gesagt, sucht und suchte der Unternehmer bei den Arbeitnehmern seinen Führungsanspruch zu legitimieren bzw. bei ihnen Zustimmung oder zumindest Anerkennung für die von ihm – dem Unternehmer – übernommenen Arbeitsaufgaben und Risiken. Vgl. J. Kocka, Legitimationsprobleme und -strategien der Unternehmer und Manager im 19. und frühen 20. Jahrhundert, *in:* Hans Pohl (Hrsg.), Legitimation des Managements im Wandel (Zeitschrift für Unternehmensgeschichte, Beiheft 28), Wiesbaden 1983.

34 Fritz Redlich, Anfänge und Entwicklung der Firmengeschichte und Unternehmerbiographie. Das deutsche Geschäftsleben in der Geschichtsschreibung, in: Erstes Beiheft der „Tradition". Zeitschrift für Firmengeschichte und Unternehmerbiographie, Baden Baden 1959, S. 13ff., nennt fünf Personen, die in Deutschland als Pioniere der Firmengeschichte zu gelten haben. Es handelt sich um Richard Ehrenberg, Conrad Matschoß, Franz Maria Feldhaus, Bruno Kuske und Walther Däbritz. Karl-Erich Born, Die Leistung der Unternehmer. Unternehmergeschichte als Beitrag zur Geschichte der deutschen Indu-

deutsche Firmengeschichtsschreibung zeigt seitdem einige Besonderheiten, die sich zum Teil bis in die Gegenwart verfolgen lassen[34a]. Es wurde in den entsprechenden Arbeiten großes Gewicht auf die Darstellung der Fabrikanlagen und Fabrikate sowie auf die technischen Leistungen der Unternehmen gelegt, hingegen auf die eigentliche Geschäftspolitik, ihre Motive und Strategien, häufig nur wenig eingegangen. Zudem erfolgte die Darstellung überwiegend verbal, weitgehend unter Verzicht auf quantitative Belege[35].

Im Laufe der Jahre wurden dann einige Ansätze zur Intensivierung der unternehmenshistorischen Forschung unternommen. Eine Reihe von historischen und besonders wirtschaftshistorischen Archiven wurden seitens des Staates aber auch durch die privaten Unternehmen gegründet[36]. Einen wichtigen Schritt voran stellte 1956 die Schaffung einer eigenen Zeitschrift für das Fach dar, nämlich der „Tradition. Zeitschrift für Firmengeschichte und Unternehmerbiographie". Diese Gründung orientierte sich am US-amerikanischen Vorbild der „Business History Review", die sich in den USA bereits erfolgreich bewährt hatte. In den ersten Jahren blieben die Beiträge in der „Tradition" jedoch noch stark in den deutschen Eigenarten befangen. Es herrschten Aufsätze vor, die sich isoliert mit einzelnen Unternehmen oder Personen befaßten und übergreifende Fragen nur selten mit aufgriffen. Wegen der geringen Anbindung des Faches in den Universitäten – sehr im Unterschied zu den USA übrigens, wo „Business History" in den „Business Schools" eine weitaus wichtigere Rolle spielte –, überwogen als Autoren Mitglieder der Geschäftswelt; Hochschulangehörige waren kaum vertreten[37].

Fortschritte des Faches waren aber ebenfalls unübersehbar; durch eine Reihe historischer Arbeiten wurde der Kenntnisstand über das Geschäftsleben deutlich verbessert und auch das Bewußtsein für unternehmenshistorische Fragestellungen geschärft. Dennoch blieb das Fach zunächst noch durch den Widerspruch zwischen der enormen Anhäufung empirischen Materials und dem Mangel an systematischer Analyse geprägt[38]. Der Zustand der Unternehmensgeschichte, der „Business History", blieb in Deutschland weiterhin unbefriedigend, wenn auch erste Versuche zur Entwicklung eines neuen Forschungsprogrammes unternommen wurden[39].

Bis 1976 gab es trotz aller Bemühungen und der langen Tradition der Firmengeschichtsschreibung keine eigenständige wissenschaftliche Institution des Faches Unternehmensgeschichte in der Bundesrepublik Deutschland. Erst dann wurde angesichts eines deutlichen Forschungsrückstandes gegenüber der angelsächsischen „Business History", aber auch gegen-

strie, *in:* FAZ, 21. Okt. 1976, S. 11, weist darauf hin, daß auch die deutsche Unternehmensforschung zur Jahrhundertwende mit einer Reihe von Biographien über bedeutende Unternehmer des 19. Jahrhunderts begann, u.a. über Alfred Krupp, Friedrich Harkort, David Hansemann, Gustav von Mevissen und Ludolf Camphausen.

34a Für die Entwicklung dieses Forschungszweiges in der DDR, der dort als „Betriebsgeschichte" firmiert, vgl. Hans Radandt, Betriebsgeschichte schreiben – aber wie? *in:* Jahrbuch für Wirtschaftsgeschichte 1973/II, S. 7–49, und ders., Probleme der Betriebsgeschichte der DDR, *in:* Jahrbuch für Wirtschaftsgeschichte 1986/3, S. 205–216.

35 Vgl. Fritz Redlich, Anfänge, S. 26f.

36 Darüber berichtet kurz Wolfram Fischer, Some Recent Developments of Business History in Germany, Austria and Switzerland, *in:* Business History Review, 4/1963, S. 416–436ff.

37 Zu dieser Bewertung vgl. ebd. S. 421ff.

38 Vgl. dazu Hans Jaeger, Business History in Germany. A Survey of Recent Developments, *in:* Business History Review 1/1974, S. 28–48.

39 Hans Jaeger, Gegenwart und Zukunft der historischen Unternehmerforschung, *in:* Tradition, 3/4, 1972, S. 107–124, nennt auf S. 120f. Umrisse eines solchen Programms, indem er darauf hinweist, daß entsprechende Arbeiten nicht zu eng auf eine Person oder ein Unternehmen bezogen sein sollten, eine theoretische Auswertung des präsentierten Materials umfassen müßten und möglichst vergleichend angelegt sein sollten.

über der „Betriebsgeschichte" in der DDR[40], zur Gründung der „Gesellschaft für Unternehmensgeschichte" geschritten[41]. Zugleich wurde die „Tradition" in die „Zeitschrift für Unternehmensgeschichte" umgewandelt und der neuen Gesellschaft als Publikationsorgan an die Seite gestellt, ebenso wie die Beihefte der Zeitschrift. In den ersten zehn Jahren ihres Bestehens hat die neue Gesellschaft vielfältige Anregungen gegeben und zahlreiche Initiativen, z.T. durch ihre jährlich stattfindenden wissenschaftlichen Symposien und die öffentlichen Vortragsveranstaltungen, selbst ergriffen[42].

Aber auch an deren Stelle wurden Versuche zur Belebung und Neuorientierung der Forschung im Bereich der Unternehmensgeschichte ergriffen[43]. Darin wird vor allen Dingen auch für eine methodische Neuorientierung des Faches plädiert, die den Vorrang der theoretischen Fragestellung vor der Präsentation archivalischer Materialien, die breite Definition des Untersuchungsfeldes, die Quantifizierung der untersuchten Zusammenhänge sowie die Nützlichkeit von Vergleichen besonders betont[44]. Wie nützlich und hilfreich solcherart konzipierte Beiträge nicht nur für die historische Forschung, sondern auch für eine Reihe von ökonomischen Nachbardisziplinen sein können, läßt sich an zahlreichen Beispielen belegen[45].

Genau in diesem Sinne soll auch der vorliegende Band einen Beitrag liefern. Die Geschichte der Firma Haver & Boecker soll als Ausgangspunkt gewählt werden, einige wichtige Erfolgsbedingungen des unternehmerischen Handelns nicht nur in der Drahtgewebeindustrie, sondern in der gesamten deutschen Volkswirtschaft zu veranschaulichen und möglicherweise auch kausal zu verknüpfen. Deshalb weitet sich das Untersuchungsfeld vom Unternehmen über die Branche und die Gesamtwirtschaft bis hin zu weltwirtschaftlichen Zusammenhängen aus. Wo immer es möglich und sinnvoll war, werden auch quantitative Belege präsentiert, und der Vergleich zu Konkurrenzunternehmen und konkurrierenden Volkswirtschaften ist implizit immer mit beachtet, gelegentlich auch explizit angeführt. Somit kann diese Untersuchung – in all ihrer Unvollkommenheit – vielleicht auch als ein „Modell" historischer Unternehmerforschung verstanden werden.

III

In der Geschichte der Firma Haver & Boecker spiegeln sich, wenn auch mit einigen Einschränkungen, zugleich auch die wesentlichsten Etappen der deutschen Wirtschaftsgeschichte in den letzten einhundert Jahren. Die folgende Abbildung 1 reduziert die gesamte Entwicklung allerdings auf die Umsätze und Beschäftigtenzahlen des Unternehmens und zeigt zugleich die Entwicklung des Nettosozialproduktes pro Kopf der deutschen Bevölkerung in den jeweiligen Grenzen seit 1889 auf.

40 Hans Pohl, Unternehmensgeschichte in der Bundesrepublik Deutschland – Stand der Forschung und Aufgaben für die Zukunft, *in:* Zeitschrift für Unternehmensgeschichte, 1/1977, S. 26–41.

41 Zur Entstehungsgeschichte dieser Gesellschaft vgl. Beate Brüninghaus, Gesellschaft für Unternehmensgeschichte – Geschichte ihrer Gründung, *in:* Zeitschrift für Unternehmensgeschichte, 1/1986, S. 1–4.

42 Darüber gibt Auskunft Hans Pohl, Ein Jahrzehnt Gesellschaft für Unternehmensgeschichte, *in:* Zeitschrift für Unternehmensgeschichte, 1/1986, S. 5–30.

43 Vgl. z.B. Richard Tilly (Hrsg.), Beiträge zur quantitativen vergleichenden Unternehmensgeschichte, Stuttgart 1986, und zur Unternehmerforschung Toni Pierenkemper, Die westfälischen Schwerindustriellen. Soziale Struktur und unternehmerischer Erfolg, Göttingen 1979.

44 Vgl. dazu Richard Tilly, Einleitung: Probleme und Möglichkeiten einer quantitativen vergleichenden Unternehmensgeschichte, *in:* ders. (Hrsg.), Beiträge, S. 9–25, insbes. S. 11–14.

45 Vgl. dazu Dieter Lindenlaub, Unternehmensgeschichte, *in:* Zeitschrift für Betriebswirtschaft, 1983/1, S. 91–123, und auch ders., Art. Firmengeschichte, *in:* Handwörterbuch der Wirtschaftswissenschaften, Bd. 3, Stuttgart 1981, S. 293–302.

Die Vorbehalte hinsichtlich der firmeneigenen Zahlen betreffen zunächst die schwierige Anfangsphase des Unternehmens 1887–97, die eher zum Bild der deutschen Frühindustrialisierung etwa 50 Jahre zuvor recht gut passen würden[46]. Vorbehalte gelten aber auch für die Kriegs- und Inflationsphasen, weil die Verwendung von „unbereinigten" Umsatzzahlen die Firmenentwicklung in diesen Zeitabschnitten zu günstig erscheinen läßt[47]. Ansonsten entsprechen sich die verwandten Indikatoren recht gut. Es zeigt sich eine Aufschwungsphase vor dem 1. Weltkrieg, ein Bruch in der Inflationszeit, besonders im Jahre 1923, dann ein konjunkturelles Auf und Ab in der Weimarer Zeit mit einem deutlichen Aufschwung 1925–29 und einer merklichen Krise in den frühen 1930er Jahren. Es folgt eine wirtschaftliche Erholungsphase im Dritten Reich, eine Kriegskonjunktur mit darauffolgendem Zusammenbruch, anschließend eine Wiederaufbauphase und die „Wirtschaftswunderjahre" der Nachkriegszeit, sogar konjunkturelle Rückschläge 1958, 1966, 1979 und 1986.

In der Kongruenz des Entwicklungsmusters der Firmenentwicklung mit der gesamtwirtschaftlichen Entwicklung kann man eine prägende Wirkung der gesamtwirtschaftlichen Entwicklung auf das Unternehmen vermuten, was nicht zu leugnen ist. Damit ist aber gleichzeitig auch gesagt, daß eine solche Unternehmensgeschichte die gesamte Wirtschaftsgeschichte widerspiegeln kann. Wenn also die nachfolgend dargestellte Geschichte der Drahtweberei und der Firma Haver & Boecker der Periodisierung der deutschen Wirtschaftsgeschichte folgt, so ist das mitunter auch als Beleg dafür zu verstehen, daß die Geschichte dieser Branche und dieses Unternehmens zugleich ein Stück der allgemeinen Wirtschaftsgeschichte gewesen war und heute noch ist.

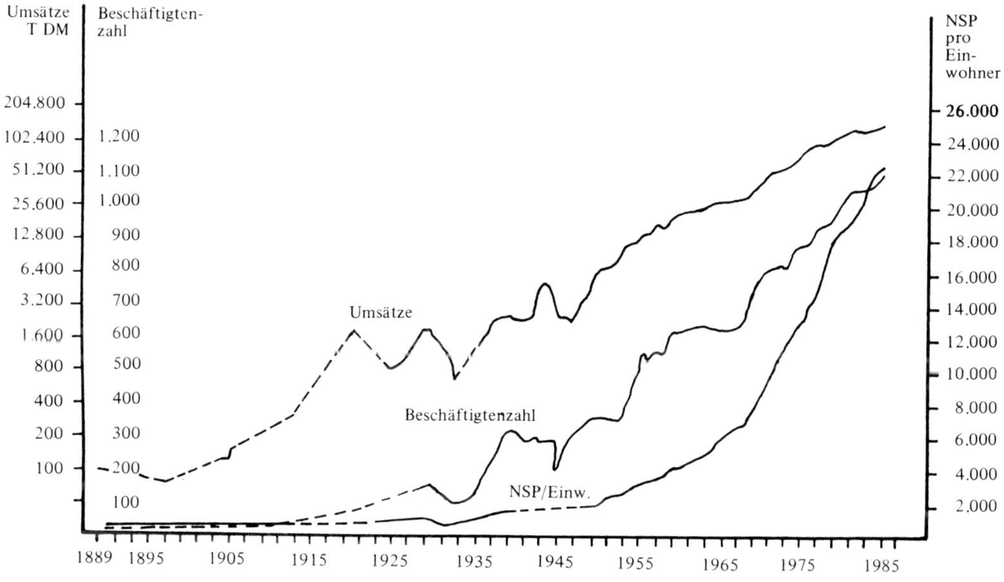

Abbildung 1: Umsätze und Beschäftigte der Firma Haver & Boecker und Entwicklung des Sozialproduktes in Deutschland (NSP/Einw.) 1889–1986

46 J. Kocka, Unternehmer, S. 18 u. 42ff.
47 Dies gilt auch in eingeschränkter Form für die Nachkriegszeit, besonders für die 1970er Jahre.

Auch stellt die Entwicklung der Firma Haver & Boecker einen Teil der regionalen Wirtschaftsgeschichte Westfalens dar. Entsprungen einer traditionellen Gewerberegion hat die Firma durch ihren Standortwechsel 1897 von Hohenlimburg nach Oelde dazu beigetragen, auch die ländlichen Teile Westfalens industriell zu durchdringen.

Abbildung 2 veranschaulicht diesen Ortswechsel vor dem Hintergrund der Wirtschaftsregionen Westfalens.[48]

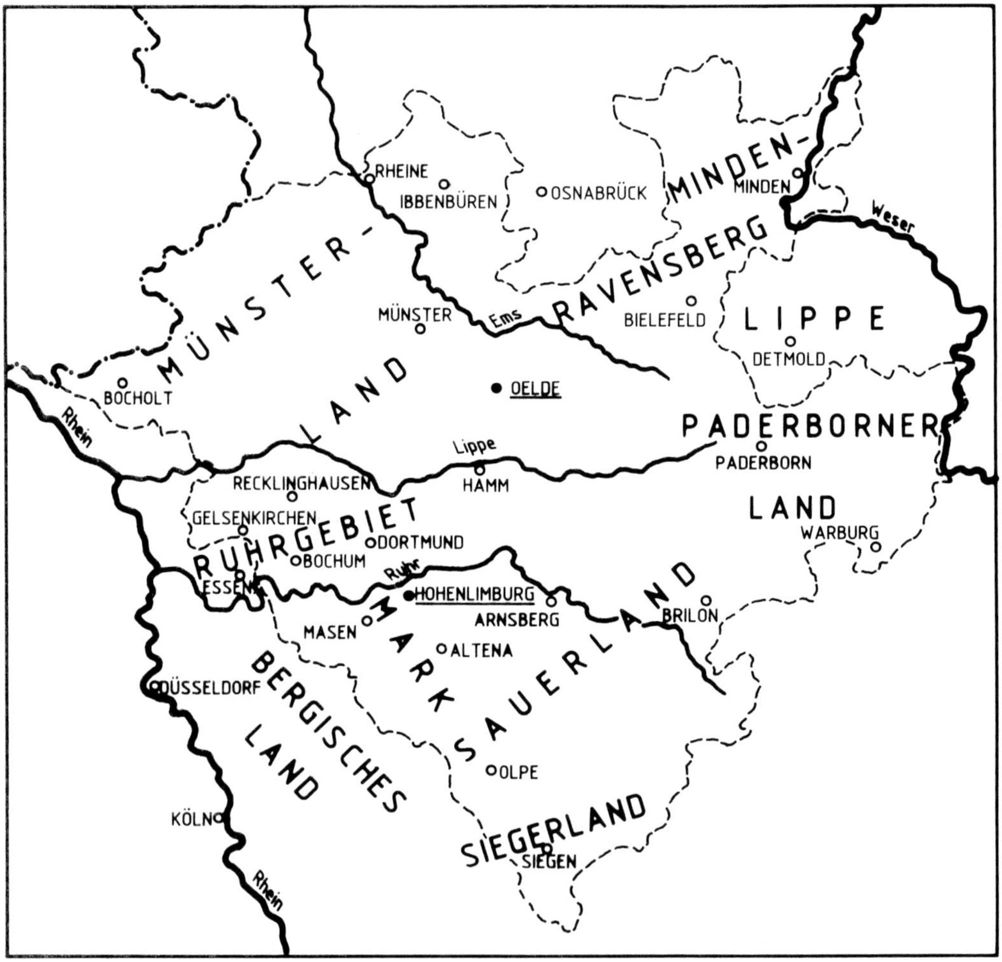

Abbildung 2: Die Wirtschaftsregionen Westfalens und die Lage von Hohenlimburg und Oelde

48 Alois Mayr, Die Wirtschaftsräume Westfalens im Überblick, *in:* Wilhelm Kohl (Hrsg.), Westfälische Geschichte, Bd. 3: Das 19. und 20. Jahrhundert. Wirtschaft und Gesellschaft, Düsseldorf 1984, S. 1–39. Die folgende Karte wurde dort entnommen, entstammt aber ursprünglich Bruno Kuske, Der Wirtschaftsraum, *in:* Der Raum Westfalen 1. Grundfragen und Zusammenhänge, S. 73–124, Karte 21 im Anhang, Berlin 1931.

II. DIE GESCHICHTE DER DRAHTWEBEREI BIS ZUR GRÜNDUNG DER FIRMA HAVER & BOECKER IM JAHRE 1887

1. Die technologische Vorgeschichte der Drahtweberei

Die Geschichte der Drahtweberei ist, wie die Bezeichnung dieses Gewerbezweiges schon vermuten läßt, eng verbunden mit der Entwicklung zweier Techniken, die beide für die Menschheit von großer Bedeutung waren und bis heute geblieben sind. Es handelt sich dabei einmal um das Weben, das bereits seit einigen tausend Jahren bekannt war und betrieben wurde, sowie zum anderen um die Drahtherstellung, deren Kenntnis ein wenig jüngeren Datums ist, die gleichwohl jedoch nicht weniger wichtig war und ist.

Weben (Textilgewebe)

Neben den vielen Textilerzeugnissen, die als Wirkwaren, Gestricke, Spitzen, Netze usw. bekannt sind und die durch Verschlingen, Verkreuzen und Verknüpfen von Fäden in einem bestimmten Rhythmus und mit einer besonderen Technik entstehen, bilden die Gewebe wohl die bedeutendste und am stärksten verbreitetste Gruppe von Textilwaren. Gewebe werden aus den beiden Fadensystemen Kette und Schuß hergestellt, die auf dem Webstuhl in bestimmter Reihenfolge rechtwinkelig miteinander abgebunden werden[1]. Diese Art der Herstellung von Textilerzeugnissen gehört vermutlich zu den am frühesten entwickelten Techniken in der Geschichte der Menschheit[2]. Ihre Kenntnis war bereits früher verbreitet als die über die Herstellung und Verarbeitung von Metallen. Gewisse Geräte des diluvialen Menschen zeigen bereits Ornamente, deren Motive textilen Verarbeitungsformen entnommen sind. Gewebe, die man in neolithischen Pfahlbauten fand, wurden offenbar bereits auf dem Webstuhl hergestellt, und in der Bronzezeit fertigte man schon Kleidungsstücke aus Wolle an. Gräberfunde zeigen, daß bereits etwa 2.000 Jahre vor unserer Zeitrechnung in Ägypten die Weberei auf einer hohen Entwicklungsstufe stand. Im klassischen Altertum sind vielfältige Textilerzeugnisse in Gebrauch gewesen, wie wir aus den Darstellungen von Skulpturen und auf Vasen wissen, von den Prachtgewändern des Orients bis hin zu chinesischer Seide. Und auch in der Bibel findet die Weberei an verschiedenen Stellen Erwähnung, so bei Jesaia 38.12 und Hiob 7.6.

Die Herstellung der Gewebe erfolgte in früherer Zeit zunächst mittels eines Webrahmens, der dann im Laufe der Jahrhunderte zu einem Webstuhl weiterentwickelt wurde. Die mit dieser Herstellungsweise verbundene Technik des Handwebens wurde mit einigen Modifikationen über Jahrtausende beibehalten. Eine wesentliche Umgestaltung erfuhr die Weberei erst gegen Ende des 18. Jahrhunderts mit der Einführung des mechanischen Webstuhls. Die Erfindung des mechanischen Webstuhls durch Edmund Cartwright war allerdings alles andere als eine plötzliche, genuine Eingebung eines Erfinders, sondern stellte die sachgemäße Lö-

1 Vgl. dazu Theo Schreus, Das Gewebe unter besonderer Berücksichtigung der Fertigungsangaben und der Gewebetechnik bei Schaft- und Jacquardgeweben, Kevelaer 1953, S. 13.

2 Dazu Hermann Voigt, Die Weberei in ihrer sozialen und technischen Entwicklung und Fortbildung nebst dem kommerziellen Geschäftsbetrieb derselben, Weimar 1882, S. 1–8.

sung eines brennenden technologisch-ökonomischen Problems dar, zu dem zahlreiche, allerdings unzureichende zeitgenössische Lösungsansätze bereits vorlagen[3].

In der Entwicklung der englischen Baumwollindustrie im späten 18. Jahrhundert hatte sich durch die technologischen Innovationen in der Spinnerei eine deutliche Disproportionalität zwischen Spinnen und Weben herausgebildet. Diese wurde offenbar im Mangel an ausgebildeten Webern zur Verarbeitung der Garne und in ihren steigenden Einkommen. Zahlreiche Versuche waren bereits unternommen worden, um auch die Weberei zu mechanisieren, jedoch blieben alle Ansätze zur Entwicklung eines mechanischen Webstuhls unvollkommen[4]. Der Erfinder des mechanischen Webstuhls, Edmund Cartwright, kannte diese Vorarbeiten jedoch nicht.

Edmund Cartwright[5], geb. am 24. April 1743 in Marnham/Nottinghamshire, gest. am 30. Oktober 1823 in Hastings, entstammte einer Familie, die bereits seit dreihundert Jahren in Nottinghamshire ansässig und der Oberklasse zuzurechnen war. Einer seiner drei Brüder diente mit Auszeichnungen in der Armee, und ein anderer wurde Mitglied des Parlaments. Edmund war der jüngste Sohn und sollte den geistlichen Beruf ergreifen. Er studierte u.a. Theologie sehr erfolgreich in Oxford und wurde 1764 zum Fellow des dortigen Magdalen College ernannt. Dort beschäftigte er sich vorwiegend mit Literatur und dichtete auch selbst. Später ließ er sich als Geistlicher auf dem Lande nieder, zunächst in Brampton/Derbyshire und dann in Goodby Marwood/Leicestershire, studierte Medizin und Agrarwissenschaften und unterwies die Landbevölkerung in Methoden zur Verbesserung ihrer Bodenerträge. 1784 kam er mit einigen Industriellen in Manchester in ein Gespräch, in dem es um die Notwendigkeit der Entwicklung einer Webmaschine ging; ein Gedanke, der sich technisch aber nicht zu realisieren lassen schien.

Obwohl Cartwright wenig über Mechanik wußte und bis dahin niemals einen Weber bei der Arbeit gesehen hatte, machte er sich ans Werk, um einen mechanischen Webstuhl zu entwickeln. Bereits 1785 erhielt er ein erstes Patent auf einen noch wenig brauchbaren mechanischen Webstuhl, den er ständig verbesserte und für den er 1786, 1787 und 1788 weitere Patente erhielt. Damit stand 1788 erstmals ein funktionsfähiger mechanischer Webstuhl zur Verfügung[6].

Cartwright versuchte auch selbst, den mechanischen Webstuhl in die Baumwollindustrie einzuführen. Er gründete eine Textilfabrik in Doncaster, stattete sie mit zwanzig mechanischen Webstühlen aus und ergänzte die Anlage 1789 mit einer Dampfmaschine. Der Erfolg blieb jedoch aus, und ein noch größerer Versuch gemeinsam mit der Spinnerei der Gebrüder Grimshaw in Manchester endete damit, daß empörte Weber, die um ihr Brot fürchteten, die ganze Anlage niederbrannten. Das bedeutete den finanziellen Ruin für Edmund Cartwright.

Die Durchsetzung des mechanischen Webstuhls in der englischen Baumwollindustrie vollzog sich zu Beginn des 19. Jahrhunderts nur sehr zögerlich. Die Ursache dafür findet sich in den relativ hohen Kosten der Maschinenweberei, denn die mechanischen Webstühle waren

3 Paul Mantoux, The Industrial Revolution in the Eighteenth Century. An outline of the beginnings of a modern factory system in England, London 1961, insbes. S. 238–245.

4 Dies gilt auch für John Kays Schnellschützen, dem fliegenden Schiffchen, dessen produktivitätsfördernde Wirkung in der Literatur zumeist maßlos übertrieben wird. Vgl. dazu Akos Paulinyi, John Kays Schnellade, ihre Verbreitung und Folgewirkungen. Zur Problematik „bekannter Tatsachen" in der Technikgeschichte, *in:* Technikgeschichte, Bd. 52, 1985, H. 2, S. 95–112. Einen Überblick über die Erfindungen in der Textilindustrie bei W. English, The Textile Industry. An Account of the Early Inventions of Spinning, Weaving and Knitting, London 1969.

5 Memoir of Edmund Cartwright, London 1825, S. 7–12.

6 Vgl. auch Jürgen Ostermeyer, Für den Lebensabend eine Vergütung vom Parlament. Edmund Cartwright, der Erfinder des mechanischen Webstuhls, vor 150 Jahren gestorben, *in:* FAZ, 31. Okt. 1973, S. 10.

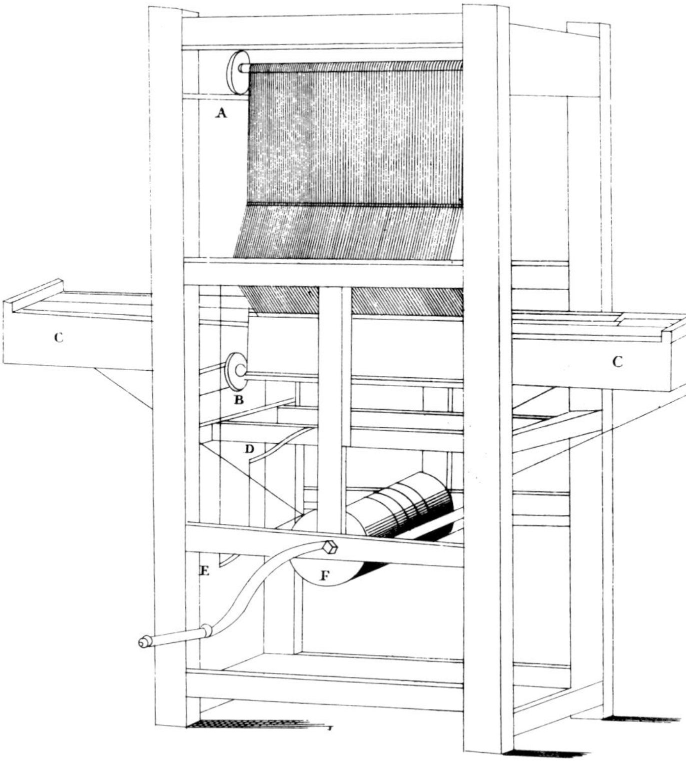

Abbildung 3: Cartwrights mechanischer Webstuhl 1785[7]

Zeichnung aus der englischen Patentschrift Nr. 1470 von 1785. Die Schaft-, die Schützen- und die Laden-Bewegung wurden hier mechanisch ausgeführt und laufend wiederholt. Als Antriebskraft benutzte Cartwright 1787 einen Göpel, vor den ein Ochse, später ein Pferd gespannt war, und 1789 eine Wattsche Dampfmaschine mit Drehbewegung.

relativ teuer und verursachten in Depressionszeiten hohe fixe Kosten, während die Handweber einfach entlassen werden konnten. Hinzu kam, daß wegen der massiven Zuwanderung irischer Weber die Löhne der Handweber sanken, was die Einführung mechanischer Webstühle in gewisser Weise unnötig machte.

Drahtziehen

Ähnlich wie die Verfertigung von Textilgeweben stellt auch die Herstellung von Draht eine Technik dar, die die Menschheit bereits seit Jahrtausenden beherrscht. Schon zu Arons Zeiten wurden Priestergewänder mit durchwirkten Goldfäden getragen, und auch die Bibel berichtet im Alten Testament von einer Harfe, die mit Metallsaiten bezogen war[8]. Schriftli-

7 Kultur und Technik. Zeitschrift des Deutschen Museums München 4/1980, S. 40.
8 Fritz Kohlhase, Handbuch für die Drahtindustrie, Hamm 1968, S. 5.

che und bildliche Darstellungen über die Herstellung von Draht im Altertum und Mittelalter fehlen jedoch völlig. Erstmals um 1100 berichtet der Mönch Theophilus über das Ziehen von Drähten[9]. Nach dieser Darstellung kann davon ausgegangen werden, daß die Technik der Drahtherstellung denjenigen, die damit zu tun hatten, bekannt gewesen sein mußte. Eine der ältesten bildlichen Darstellungen der Drahtzieherei von Biringuccio (1559) stimmt mit der Technologie der früheren Berichte ebenso überein wie Berichte über das Drahtziehen in China (1637)[10]. Insgesamt scheinen die Werkstätten und Arbeitsweisen der Drahtzieher bis zum Ende des 18. Jahrhunderts nahezu unverändert geblieben zu sein. Allenfalls der im 14. Jahrhundert erfolgte Übergang von der reinen Handzieherei zu Ziehmaschinen, die mittels Wasserkraft betrieben wurden, stellte einen gewissen technologischen Fortschritt dar[11].

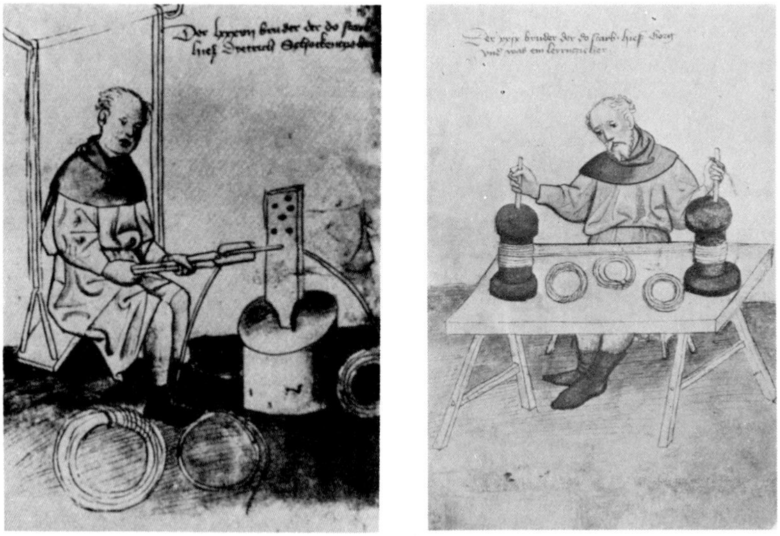

Abbildung 4: Drahtzieher bei der Arbeit

Aus der genannten Beschreibung aus dem frühen 12. Jahrhundert läßt sich der Schluß ziehen, daß damals die Drahtzieherei als ambulantes Gewerbe von umherziehenden Drahtziehern ausgeübt wurde, die bald hier, bald dort ihre Fähigkeiten feilboten. Zur Ausübung ihres Berufes bedurften sie dabei nicht viel mehr als eines Zieheisens und einer Zange. Auch die ortsfesten Drahtzieher, die sich im 13. Jahrhundert auffinden lassen, unterschieden sich in ihrer Arbeitstechnik wohl noch nicht sehr stark von ihren umherziehenden Vorgängern. Auch sie zogen den Draht von Hand, untergliederten sich aber bereits in „Schockenzieher" für groben Draht und „Leirenzieher" für dünne Drähte.

9 Kurt Häuser, Arbeitsweisen und Werkstätten der Drahtzieher. Herstellung von Eisen- und Stahldraht bis zum Beginn des 19. Jahrhunderts, *in:* Draht 35 (1984), H. 5, S. 301–305.

10 Kurt Häuser, Die Werkstätten der Drahtzieher bis zum Beginn des 20. Jahrhunderts, *in:* Draht, 37 (1986), H. 3, S. 205–209.

11 Martin Boerner (Hrsg.), Draht-Welt-Buch. Ein Nachschlagewerk für die Drahtindustrie, Halle (Saale) 1929, S. 1.

Abbildung 5: Zieheisen zum Grobziehen von Draht

Die damals benutzten Zieheisen hatten eine Breite von 200 bis 300 mm und enthielten nach einer späteren Beschreibung 38 Löcher, durch die der Drahtzieher den Draht nach und nach ziehen mußte, bis er die gewünschte Stärke erreicht hatte. Dabei war insbesondere für den Zug durch die größeren Löcher ein beachtlicher Kraftaufwand nötig, weshalb das Zieheisen und der dieses haltende Baumstamm im Boden verankert sein mußten.

Zwischen 1300 und 1800 hatte sich das Verfahren der Drahtzieherei, wie gesagt, kaum geändert[12], bis allerdings auf die Art der Kraft, die für das Ziehen der Drähte eingesetzt wurde. Nach 1350 setzten vielfältige Versuche ein, die Menschenkraft durch Wasserkraft zu ersetzen. Kurz nach 1350 fanden sich in Nürnberg die ersten *„Drahtmüller"* und ortsfesten *„Drahtmühlen"*, kurze Zeit später auch in Augsburg und im märkischen Sauerland. In diesen Drahtmühlen wurde die schwere körperliche Arbeit der Schockenzieher weitgehend mechanisiert durch Entwicklung sogenannter „Schockenzieherbänke", auf denen der Draht kontinuierlich mittels einer Rolle gezogen werden konnte. Dieses Verfahren erlaubte eine höhere Ziehgeschwindigkeit und bewirkte zudem eine Qualitätsverbesserung des Drahtes durch Vermeidung der „Zangenbisse", das sind Einkerbungen, die als Folge des Öffnens und Schließens der Zange beim Zugvorgang entstehen.

Gegen Ende des 18. Jahrhundert trat jedoch, und zwar wiederum in England, eine neue Form der Drahtherstellung zutage, die die jahrhundertelang betriebene Technik ersetzte. Bei diesem Verfahren wurde der Draht nicht mehr aus großen Stücken geschmiedet, dann mit Zangen oder Rollen nach Länge und Stärke gezogen und zuletzt zur Vollendung seiner Rundung mit Walzen nachbearbeitet, sondern unmittelbar aus den vorgefertigten Eisenstücken durch regelrechtes Walzen als *Walzdraht* geboren[13]. Zugleich war damit die Möglichkeit gegeben, die Drahtziehbänke mit all ihren Unvollkommenheiten durch die kontinuierlich und maschinentechnisch außerordentlich einfach arbeitende Drahtwalze zu ersetzen. Als Antrieb konnte dabei gut ein Wasserrad und später auch eine Dampfmaschine eingesetzt werden.

12 Ausführlich dazu O.H. Döhner, Geschichte der Eisendrahtindustrie, Berlin 1925, S. 84ff., der in seiner Darstellung im wesentlichen der Arbeit von C.J.B. Karsten, Handbuch der Eisenhüttenkunde, 4 Bde., Berlin 1820, folgt.

13 Martin Boerner (Hrsg.), Draht-Welt-Buch, S. 2f. Erfinder dieses Verfahrens war ein Schwede, der bereits früher damit experimentiert hatte. 1783 wurde es erstmals erfolgreich in England praktiziert.

Diese neue Verfahrensart veränderte die Drahtherstellung zwischen 1820 und 1840/50 rapide, weit mehr, als das durch die frühere Nutzung der Wasserkraft geschehen war.

Die deutsche Drahtindustrie kämpfte um 1850 gegen die mit diesen modernen Verfahren arbeitende englische Konkurrenz an. Insbesondere zahlreiche märkische Werke arbeiteten noch nach den traditionellen Methoden. Jedoch läßt sich auch hier zwischen 1820 und 1830 die Gründung von nicht weniger als fünf Drahtwalzwerken vermelden. Allerdings wurde hier der Walzdraht auch weiterhin auf Bänken gezogen und nicht, wie in England, lediglich auf Scheiben. Es zeigte sich jedoch, daß auch die Übernahme der Walzdrahttechnik nicht automatisch zur Prosperität führte, sondern damit für die betroffenen Werke zahlreiche kaufmännische und technische Risiken verbunden waren, die eine Reihe der neu gegründeten Unternehmen in ernste Schwierigkeiten brachten und die erst 1860 überwunden schienen[14]. Langfristig verdrängte jedoch der Walzdraht die Handzieherei vollständig[15].

Ein Beispiel für die erfolgreiche Gründung eines entsprechenden Schnellwalzwerkes zur Drahtherstellung stellt die 1854 gegründete Firma „Cosack & Comp." in Hamm dar, die Keimzelle der späteren „Westfälischen Union"[16]. Dieses Unternehmen wurde von vier Kaufleuten konzipiert, von denen allein Joseph Cosack als Besitzer eines Puddel- und Walzwerkes am Roerfluß bei Hüsten Erfahrungen mit der Walzdrahtherstellung hatte. Das neue Werk in Hamm entstand als effiziente Zusammenfassung zweier Arbeitsgänge, der Erzeugung des Rohstoffs aus dem Roheisen mittels des Puddelverfahrens und der Verarbeitung des Puddeleisens zu Draht. Damit stellte das Werk eine der ersten derartigen Kombinationen dar und nahm nach verheißungsvollem Start einen steilen Aufstieg. Zugleich veranschaulicht die Entwicklung dieses Werkes die Verschiebung des Standortes der Rohdrahtindustrie aus der kohlearmen, gebirgigen Mark in die Ebenen von Ruhr, Saar und Oberschlesien zu den gemischten Eisenwerken hin.

Drahtweben

In der Drahtweberei geschieht nichts anderes, als daß das üblicherweise beim Weben verwandte Garn durch einen Metalldraht ersetzt wird. Das dabei entstehende Drahtgewebe ist ein flächenförmiges Gebilde, deren in Längs- bzw. Querrichtung verlaufende Kett- und Schußdrähte sich im rechten Winkel kreuzen. Drahtgewebe werden, ähnlich wie Textilgewebe, auf Webstühlen hergestellt[17]. Die Drahtweberei stellt damit eine Kombination und Variation der beiden zuvor geschilderten Technologien dar. Einerseits setzt sie die Herstellung eines für das Weben geeigneten Metalldrahtes voraus, andererseits erfordert sie eine Modifikation der Webtechnik, die es gestattet, anstelle der Textilgarne Drähte zu verarbeiten.

14 Vgl. dazu O.H. Döhner, Eisendrahtindustrie, S. 94ff.

15 Im Oberbergamtsbezirk Dortmund wurden 1837 nur 3.300 t Walzdraht hergestellt. Bis 1859 erhöhte sich diese Menge jedoch auf 22.200 t und in ganz Deutschland bis 1908 auf 2.100.000 t. 1908 gab es 29 Drahtwalzwerke in Deutschland, wovon 11 in Westfalen beheimatet waren. Vgl. dazu Hans Jürgen Teuteberg, Vom Agrar- zum Industriestaat (1850–1914), *in:* Wilhelm Kohl (Hrsg.), Westfälische Geschichte, Bd. 3: Das 19. und 20. Jahrhundert. Wirtschaft und Gesellschaft, Düsseldorf 1984, S. 163–311, hier S. 209.

16 Zur Geschichte der Westfälischen Union und insbesondere ihrer Walzdrahtproduktion vgl. Kraft Sachisthal, 100 Jahre Westfälische Union. Aktiengesellschaft für Eisen- und Drahtindustrie Hamm (Westf.), Mainz 1954, insbes. S. 28–42.

17 Fritz Kohlhase, Handbuch, Abschnitt 18, S. 5. Umfassend zur Technik P. Sieber, Die Drahtgewebeindustrie, Münster 1955.

Die Verarbeitung von Draht zu Netzen, Geflechten und Geweben wird, wie das Textilweben und die Drahtherstellung, bereits seit Jahrtausenden betrieben[18]. Bereits aus dem Jahre 3745 v. Chr. wird aus Ägypten von einer Königin berichtet, die zur Krönung eine Kopfbedeckung aus filigranem Golddraht trug. Allerdings läßt es sich nicht klären, ob es sich dabei um ein ausgesprochenes Drahtgewebe mit Kette und Schuß handelte oder um ein bloßes Geflecht. Vermutlich liegt der Ursprung der Drahtweberei jedoch in China, wo sich für die Zeit um 2000 v. Chr. Drahtgewebe nachweisen lassen, die auf einem Webstuhl hergestellt wurden.

In Europa finden sich erste Hinweise auf Drahtgeflechte erst im Jahre 1050 n. Chr., aus dem ein Buch existiert, das mit einem Rücken aus Drahtgewebe eingebunden ist. In dem bekannten Werk von Georg Agricola „De Re Metallica“ von 1556 finden sich Beschreibungen und Abbildungen von Drahtsieben für Erz-Pochwerke. Es gibt aber noch weitere literarische Hinweise auf diese Technik. So berichtet z.B. Salomon Caus in seinem Buch „Les Raisons des Forces“ 1615, daß Vögel hinter großen Drahtgittern gehalten werden[19].

Demnach war die handwerkliche Herstellung von Drahtsiebböden und Drahtgeweben in Europa offenbar zumindest seit dem 16. Jahrhundert bekannt. In dieser Zeit wurden in Siebmacherzünften Metalldrahtgewebe vornehmlich für die Landwirtschaft, den Hausbedarf, für die Aufbereitung von Erzen und vor allem für die Papierherstellung angefertigt. Im 17. Jahrhundert standen diese Zünfte in hoher Blüte. Die Ursache war der steigende Siebbedarf für die Papierherstellung[20]. Diese von Hand hergestellten Drahtgewebe wiesen natürlich hinsichtlich ihrer Qualität Mängel auf, die sich besonders bei den feinen Drahtgeweben, wie sie für die Papierherstellung gebraucht wurden, nachteilig auswirkten. Deshalb versuchte man, die Qualität der feinen Drahtgewebe zu verbessern, und man kam dabei auf die Idee, das Prinzip des Textilwebens für die Herstellung von Metallsieben und allgemein von Metallgeweben zu nutzen.

Offenbar bestand hier ein technisches Problem, das aus den Qualitätsanforderungen der Drahtsiebverwender resultierte und das einer Lösung harrte. Dementsprechend lassen sich auch verschiedene Ansätze beobachten, diesem Problem Herr zu werden. Bereits 1750 hatte John Baskerville in England den Vorschlag gemacht, bei der Papierherstellung in Zukunft Siebböden zu verwenden, die aus Drahtgewebe hergestellt werden sollten. Auch wird 1773 in Chepstowe ein John Sellers erwähnt, der in der Lage war, derartige Drahtgewebe zu verfertigen. Tatsächlich wurde in diesen Jahren auch ein Patent zur Herstellung von Drahtgeweben für Papiersiebe an J.M. Elliot erteilt, woraufhin 1780 ein Mr. Whittaker in Manchester die Initiative zur Gründung einer Fabrik ergriff, die sich mit der Herstellung von Drahtgeweben befaßte[21].

Über die Entwicklung der hier verwandten Webstühle sind kaum Unterlagen vorhanden. Der Grund dafür liegt vermutlich im Fehlen eines ausreichenden Rechtsschutzes für die neuen Entwicklungen und in der daraus folgenden Praxis der Geheimhaltung. Genauere Informationen liegen über den Siebmacher Ignaz Roswag vor, der im Jahre 1778 im Elsaß eine Draht-

18 Dazu vgl. F.M. Feldhaus, Zur Geschichte der Drahtgewebe, *in:* Draht 11 (1960), H. 4, S. 176–178; E.F. Haver und G. Schönbauer, Drahtgewebe und Drahtgitter aus nichtrostenden Stahldrähten und NE-Metalldrähten, *in:* Draht 32 (1981), H. 8, S. 446–450, und C. Hamann, Die geschichtliche Entwicklung der Drahtweberei, *in:* Draht-Welt, April 1960, S. 249–252.

19 Gerhard Schönbauer, Die Herstellung von Drahtgeweben. Ein geschichtlicher Rückblick, *in:* HB-Kurier, III/1981, S. 6f.

20 A. Kindermann, Drahtweberei und -flechterei, *in:* Martin Boerner (Hrsg.), Draht-Welt-Buch, S. 331–406, hier S. 331–334.

21 Gerhard Schönbauer, Die Herstellung, und Hans Baermann, Die Drahtgewebeindustrie in Saalfeld und Umgebung, Halle 1929, S. 14, über ähnliche Versuche auf dem europäischen Festland, insbesondere bei Berlinern und Hallensern Leinewebern.

weberei betrieb[22]. Dieser baute einen Handwebstuhl mit senkrecht aufgespannten Kettdrähten (Vertikalwebstuhl), dessen Bauart später so umgeändert wurde, daß die Kette waagerecht verlief, wie dies von alters her bei den Textilwebstühlen üblich war. Die Resultate, die Roswag mit diesem Drahtwebstuhl erzielte, waren so gut, daß er bereits im Jahre 1806 anläßlich einer Ausstellung in Paris durch Napoleon I. eine Medaille als Auszeichnung erhielt. Dadurch wurden zugleich seine Produkte weltbekannt, und Roswag entwickelte sich zum bedeutendsten Anbieter von Drahtgeweben auf dem europäischen Kontinent.

Das Aufsehen, das diese Erfindung machte, wird aus einer Notiz deutlich, die einige Jahre später in einer Zeitung erschien[23].

> „Zu Oberne im Elsaß hat jemand mit Namen Roßwag eine Fabrik von einem der Gaze ähnlichen Zeug aus feinem Messing- und Eisendraht angelegt, welches auf einer von ihm erfundenen Maschine verfertigt wird. Dieses Zeug ist von so feinen und gleichen Fäden, daß es der italienischen Gaze völlig gleich kommt."

Über die Person Roswags ist wenig, über seine Firma einiges bekannt:[24]

> Ignaz August Roswag wurde in Schlettstadt im Elsaß geboren und führte dort 1778 die Drahtweberei ein. Er entwickelte einen Drahtwebstuhl und konnte mit dessen Hilfe den Absatz seines Unternehmens gewaltig ausdehnen. Er wandte sich auch der Weiterverarbeitung der von ihm produzierten Drahtgewebe zu und konnte sich dadurch zum führenden Unternehmen seiner Branche entwickeln. Nachdem er mehrere Patente auf seine Fertigungsverfahren erhalten hatte, gründet er neben seiner Fabrik in Schlettstadt weitere Niederlassungen in Paris, Lyon und schließlich sogar in Bockenheim bei Frankfurt/M.. Auf zahlreichen Industrieausstellungen errangen die Produkte der Firma Roswag ehrenvolle Auszeichnungen. Der genannten ersten Auszeichnung 1806 folgten weitere nationale Preise 1819, 1827, 1834, 1839, 1844 und 1849 sowie internationale Auszeichnungen auf der Weltausstellung von London 1851 (als einziger dieses Gewerbezweiges übrigens), 1853 in New York und 1855 in Paris.
>
> Ignaz Roswag konnte die Erfolge seiner Erfindung und seiner Firma nur zum Teil miterleben. 1844 erhielt er das Kreuz der Ehrenlegion, u.a. auch als Auszeichnung für seine Produkte auf der damaligen Gewerbeausstellung, aber auch als Anerkennung für sein gesamtes Schaffen. Wenige Monate später, im Jahre 1845, verstarb er. Sein Sohn August, der seit frühester Jugend im väterlichen Betrieb mitgearbeitet hatte, übernahm die Leitung des Unternehmens und führte es zu zahlreichen weiteren Erfolgen.

1857 gründete ein Neffe Roswags, Alexander Roswag, eine Drahtweberei in Bockenheim bei Frankfurt/M. Dort gingen die Geschäfte im Gegensatz zum Elsässer Stammhaus sehr gut, so daß 1866 das Hauptgeschäft aufgegeben und die Bockenheimer Firma nunmehr als „Ratazzi & May. Roswag Nachfolger" weitergeführt wurde[25].

Im Laufe des 19. Jahrhunderts wurde der von Roswag konstruierte Drahtwebstuhl zunächst im wesentlichen unverändert beibehalten. Erst die Versuche, Drahtgewebe auf mechanischem Wege durch eine Mechanisierung des Drahtwebstuhls, wie sie bereits einhundert Jahre zuvor für das Textilgewebe erfolgreich durchgeführt worden waren, herzustellen, führten

22 Werner Lueg, Drahtgewebe und Drahtgitter, ebenso F.M. Feldhaus, Geschichte, und E.F. Haver und G. Schönbauer, Drahtgewebe. Unklar ist, wo der ursprüngliche Standort der Produktion war. Einige Autoren nennen Schlettstatt, die Vaterstadt des Erfinders, andere Oberne, einen kleinen Ort in der Nähe.

23 J. Riems, Physikalisch-Ökonomische Zeitung 1786, Februar, S. 131, zitiert nach Hans Baermann, Die Drahtgewebeindustrie, S. 15.

24 Edouard Sitzmann, Dictionaire de Biographie des Hommes Celebres de l'Alsace depuis le temps les plus recules jusqu'a nous jours, Rixheim 1910, S. 613.

25 Sachs, 200 Jahre Herstellung von Drahtgewebe, *in:* Draht 30/1979, H. 7, S. 432–434 und 1778–1978. 200 Jahre Ratazzi & May. Festschrift der Ratazzi & May Verwaltungsgesellschaft, Schlüchtern, 1978.

gegen Ende des Jahrhunderts zu einer Umwälzung der Technologie der Drahtgewebeherstellung.

2. Die Entwicklung der Drahtweberei bis zur Gründung der Firma Haver & Boecker

Die ersten Gründungen von Unternehmen der Drahtgewebeindustrie

Nachdem die Herstellung von Drahtgeweben mittels eines Handwebstuhls an verschiedenen Orten außerhalb Deutschlands gelungen war, wurden auch in einigen deutschen Orten Drahtwebereien gegründet. Schon 1782 ließ sich Daniel Kufferath in Mariaweiler im Düren-Jülicher-Land als Formenmacher für die nahegelegene Papierindustrie nieder, wo er sich auf die Herstellung von Papierschöpfrahmen spezialisierte[26].

Er entstammte einer alten Papiermacherfamilie aus der Region und hatte vier Söhne, die wiederum alle Formenmacher wurden. Nach dem Tode des Vaters (1818) führten die Söhne unter Leitung des ältesten, Andreas (1783–1853), den väterlichen Betrieb weiter. Bis 1825 verstarben jedoch alle Brüder des Andreas Kufferath, worauf dieser als Alleineigentümer die Firma unter seinem Namen weiterführen konnte. Er begann zu Anfang des Jahrhunderts damit, die handwerkliche Herstellung der Metalltücher der Schöpfrahmen durch eine Herstellung auf dem Webstuhl zu ersetzen. Die Weberzeugnisse, die er dabei herstellte, waren von solch vorzüglicher Qualität, daß sie 1822 auf einer Ausstellung in Berlin preisgekrönt wurden. Damit entwickelte sich für die Firma neben der Papierherstellung ein zukunftsträchtiges Absatzgebiet, das sie bis heute pflegt.

Neben dem Dürener Raum bildete sich in Thüringen im Gebiet von Saalfeld ein zweites Zentrum der Drahtweberei in Deutschland heraus. Hier dürfte die bereits vorhandene Textilindustrie den Anstoß zur Aufnahme dieses Gewerbezweiges gegeben haben[27]. Allerdings mußte sich diese Industrie erst mühsam etablieren, da die ursprünglich blühende Gewerbe- und Handelsregion im Dreißigjährigen Krieg stark gelitten hatte. Erste Versuche zur Wiederbelebung des Gewerbes, das in den kriegerischen Auseinandersetzungen des 17. Jahrhunderts weitgehend zum Erliegen gekommen war, wurden gegen Ende des Jahrhunderts unternommen. Sie zeigten jedoch nur wenig Erfolg; allenfalls der Bergbau kam wieder zu einer gewissen Blüte. Eine zeitgenössische Chronik berichtet erst von einem Aufschwung der „Fabriktätigkeit" zu Beginn des 19. Jahrhunderts[28], der sich auf die lokalen Rohstoffvorkommen (Farben- und Tuchfabriken, Porzellanfabriken, Ziegeleien) bzw. die Leistungsfähigkeit der ansässigen Arbeiterschaft (Nähmaschinen- und Pianofabrik sowie Drahtweberei) stützte. Die Drahtgewebeindustrie entwickelte sich dann hier zu einem sehr wichtigen Gewerbezweig[29].

Am 11. September 1826 wurde dem Siebmacher Heinrich Dehler die Niederlassung in Saalfeld erlaubt. Er verfertigte dort mit seinen beiden Söhnen zunächst Holz- und Weidensiebe und später auch Drahtsiebe und Drahtgeflechte. 1845 verstarb der Vater, und seine beiden Söhne führten den Betrieb weiter. Nach 1845 bauten sie zwei Drahtwebstühle, denn sie hatten auf Wanderschaft in Westfalen Leinwandstühle zur Herstellung

26 Zur Geschichte dieser Firma vgl. Franz-Ferdinand Kufferath, Zur 200jährigen Geschichte der Firma Andreas Kufferath, 1782–1982, Düren-Mariaweiler 1982.

27 Werner Lueg, Drahtgewebe, S. 282.

28 Christian Wagner, Chronik der Stadt Saalfeld im Herzogtum Sachsen-Meiningen, Saalfeld 1864, fortgesetzt als: Wagner's Chronik der Stadt Saalfeld im Herzogtum Sachsen-Meiningen durch Ludwig Grobe, Saalfeld 1867, S. 554–570/71.

29 Hans Baermann, Die Drahtgewebeindustrie in Saalfeld und Umgebung, Halle 1929.

von Drahtgeweben kennengelernt. Mit dieser neuen Drahtwebtechnik verbesserten sie die Qualität ihrer Produkte, senkten die Arbeitskosten und konnten ihren Absatz bald auf ganz Deutschland ausdehnen. Der Betrieb expandierte sehr stark, beschäftigte 1845: 4 Arbeiter, 1850: 11, 1860: 25 und 1862 bereits 30 Arbeiter an 17 Webstühlen. 1862 gewann die Firma Dehler auf der Londoner Weltausstellung eine Medaille für die Qualität ihrer Produkte[30].

In dieser Zeit wurden im Saalfelder Gebiet noch verschiedene weitere Drahtwebereien gegründet, so ein Zweigwerk der Firma Dehler, die 1862 nach Aufnahme des Kaufmanns Eduard Kurth als weiteren Gesellschafter in Gebr. Dehler & Co. umgenannt und ab 1865 als selbständiges Unternehmen geführt wurde.

Vom Herzogtum Sachsen Meiningen (Region um Saalfeld) wird berichtet, daß dort bereits 1864 nur noch 29% der erwerbstätigen Bevölkerung von der Landwirtschaft, dagegen bereits 43% von der gewerblichen Produktion lebten, d.h. dieses Gebiet gewerblich bereits stark durchdrungen war. Aus der Berufszählung des gleichen Jahres geht hervor, daß über 11% aller Beschäftigten mit der Verfertigung von Geräten und Apparaten aller Art befaßt waren. Typische Berufe, die mit der Drahtgewebeindustrie in Zusammenhang zu bringen sind, finden sich jedoch nur wenige. Es werden angeführt drei selbständige Nadler, 8 Drahtbinder mit 11 Gehilfen (dazu zählen allerdings auch einige Kesselflicker) und 94 Siebmacher mit 32 Gehilfen (hierunter fallen auch 14 weibliche mit ihren 9 Gehilfinnen). Die Drahtweberei blieb also auch im thüringischen Raum ein kleines, hoch spezialisiertes Gewerbe[31].

Auch an verschiedenen anderen Orten in Deutschland kam es zur Gründung einer Reihe weiterer Drahtwebereien. Über die Entstehung der Firma Ratazzi & May in Bockenheim war schon berichtet worden. In Berlin inserierte die Firma Hensel & Schumann bereits 1827 in der Vossischen Zeitung und bot ihre Drahtgeflechte an[32]. Insbesondere aber in der Hohen-

Übersicht 1: Gründungen der ersten Drahtwebereien, 1778–1854

Gründungsjahr	Firmenname	Land	Ort/Region
1778	Ignaz Roswag	Frankreich	Schlettstadt/Elsaß
1748*	G. Michel Fils	Frankreich	Colmar/Elsaß heute: Mulhouse
1782*	Andreas Kufferath	Deutschland	Düren-Mariaweiler
1784	Clouterie et Tréfilerie de Flandres (Colouflandres) heute: Trefil ARBED S.A.	Belgien	Gentbrügge
1799	N. Greening & Sons, Ltd. heute: N. Greening Limited	England	Warrington/Lancs.
1824	F.W. Potter & Soar Ltd.	England	Banbury
1826	Boecker & Haver	Deutschland	Hohenlimburg
1830	Joseph Rösler, heute: Drahtwerke Rösler, Soest	Deutschland	Lippborg, Westfalen heute: Soest
1831	C.M. Pieper & Comp.	Deutschland	Hohenlimburg
1845	Tissmétal Lionel-Dupont	Frankreich	Lyon, heute: Reims
1851	Hutter & Schrantz	Österreich	Wien
1854	Rivière S.A.	Spanien	Barcelona

* Gründungsdaten der Firma, nicht Beginn der Drahtweberei

30 Hans Baermann, Die Drahtgewebeindustrie, S. 16ff.

31 Statistik Thüringens. Mitteilungen des statistischen Bureaus vereinigter Thüringischer Staaten, hg. von Bruno Hildebrand, Jena 1866, Bd. II, S. 258, 260, 314.

32 F.M. Feldhaus, Zur Geschichte, S. 177.

limburger Region entstanden bedeutende Betriebe der Drahtgewebeindustrie, auf die später noch ausführlich einzugehen ist.

Nicht nur in Deutschland – und dort zunächst im Dürener und Westfälischen Raum, später dann auch in Thüringen –, sondern auch außerhalb der deutschen Grenzen wurde eine Anzahl von Unternehmen gegründet, die sich der Drahtweberei zuwandten. Aus der aktuellen Mitgliederliste des B.I.T.O.M. (Bureau International d'Information pour les Toiles Metalliques), der europäischen Zentralorganisation der Drahtgewebeindustrie, läßt sich anhand der noch fabrizierenden Unternehmen ein Überblick über die Gründungen bis zum Jahre 1854 gewinnen[33].

Aus dieser Übersicht wird ersichtlich, daß der Schwerpunkt der Drahtgewebeindustrie in der ersten Hälfte des 19. Jahrhunderts eindeutig in Frankreich und in Deutschland lag. 1856 erfolgte mit Wickwire Spencer in den USA die erste Gründung außerhalb Europas, der bald weitere in den USA und Australien folgten[34]. Die hier im weiteren untersuchte Firma Haver & Boecker wurde 1887 gegründet und stand damit an 30. Stelle der obigen Firmenliste. Sie trat also mit einem bereits eingeführten Produkt auf einem etablierten Markt gegen Konkurrenten an, die z.T. auf ein fast einhundertjähriges Bestehen zurückzublicken vermochten.

Die Sauerländer Drahtgewebeindustrie

Besonders günstige Voraussetzungen zur Niederlassung und Entwicklung der Drahtweberei boten sich jedoch im märkischen Sauerland in und um Iserlohn, Altena und Lüdenscheid an, Städte, die seit langem als Mittelpunkt der Drahtzieherei und Drahtherstellung weltbekannt waren[35].

In einer Übersicht über die Eisenindustrie Westdeutschlands, die zu Beginn des 19. Jahrhunderts angefertigt wurde, wird darauf hingewiesen, daß die Drahtindustrie der Grafschaft Mark mit ihrem Zentrum um Lüdenscheid, Altena und Iserlohn den ältesten Industriezweig dieser Region und zugleich den bedeutendsten dieser Art in der ganzen Welt darstellte. Schon im Mittelalter wurden aus dem Draht dieser Region Panzerhemden hergestellt. Der Autor berichtet:

> „Anstalten, auf denen der Draht von Wassermaschinen gezogen wird, heißen hier mit dem eigentümlichen Namen: Draht-Rollen" (S. 267). In Lüdenscheid sind zu Beginn des 19. Jahrhunderts 32 Rollen, in Altena 104 und in Iserlohn 27 Rollen verzeichnet. Verarbeitet wurde darin das heimische Osemundeisen und das fertige Produkt, der Draht, wurde bis weit ins Ausland vertrieben, u.a. nach England, Spanien und Portugal.
>
> Als wichtigste Produzenten und Exporteure nennt dieser Bericht die Firmen Joh. Friedr. Schrimpf, Joh. Rupe sel., Wittwe et Comp. und Schmidt et Wöste aus Iserlohn,

33 Dieser Überblick ist zwar nicht vollständig, weil eine Reihe früherer Drahtwebereien heute nicht mehr existieren bzw. Drahtgewebe aus ihrem Produktionsprogramm gestrichen haben –, es sind auch Firmen enthalten, die dem B.I.T.O.M. nicht resp. nicht mehr angehören. Gleichwohl vermag diese Zusammenstellung eine ausreichende Übersicht zu geben, weil die meisten und wichtigsten Unternehmen darin Berücksichtigung gefunden haben.

34 Zur Gründungsgeschichte der Firma W.S. Tyler, vgl. The W.S. Tyler Story, from 1872.

35 A. Kramberg, Die Anfänge der Eisenindustrie in der Grafschaft Mark, *in:* Die Grafschaft Mark. Ein Jubiläumsbüchlein der märkischen Jugend gewidmet. Dortmund 1909, S. 89–95, Ferdinand Schmidt, Lüdenscheid-Altena-Iserlohn. Das Verhältnis der drei Drahtstädte untereinander bis zur Einführung der Gewerbefreiheit, Altena 1949, und ders., Das Drahtgewerbe in Altena bis zur Errichtung des Eisendrahtstapels, Altena 1949.

Camerarius Figge und Joh. Caspar Rumpe et Comp. aus Altena sowie die Firma Joh. Wilh. Wöste et Comp. aus Wynkhausen[36]."

Das Drahtgewebe stellt „. . . nicht von seinem Umfang, wohl aber von seiner Bedeutung her das Herzstück des märkischen Metallgewerbes . . . "[37] dar. Dieser Gewerbezweig war auf der ganzen Welt führend und exportierte seine Produkte in alle Weltregionen. Bereits im Mittelalter lassen sich die Anfänge des Eisengewerbes des märkischen Sauerlandes auffinden. Die zunehmende Ausnutzung der Wasserkraft wegen des auftretenden Holzmangels führte ab dem 14. Jahrhundert zu einer Dezentralisierung und Spezialisierung der Produktion[38]. Die Drahtherstellung wird schon 1443 als „uralt" bezeichnet, und bereits 1394 sind in Iserlohn Drahtrollen nachgewiesen. Dort wurden dann aus Draht überwiegend „Panzerwaren", das sind Schnallen, Haken und Ösen, hergestellt, während Altena sich auf die Produktion von Nadeln und Lüdenscheid auf die Herstellung von Knöpfen u.ä. spezialisierte. Hohenlimburg entwickelte sich zum Schwerpunkt der Drahtweberei[39].

Zu der eisengewerblichen Tradition des märkischen Sauerlandes kam hinzu, daß die ortsansässige Seidenband- und Tuchweberei das Heranziehen von mit der Webtechnik vertrauten Arbeitskräften erleichterte. Hand in Hand mit der Drahtzieherei entwickelte sich deshalb dort seit den 1820er Jahren in Hohenlimburg auch die Drahtweberei. Hier war es vor allem Bernhard Boecker, der als einer der ersten die Roswagsche Arbeitsmethode übernahm.

> Bernhard Boecker wurde am 15. Mai 1768 in Hohenlimburg geboren[40]. Sein Vater betrieb eine Drahtrolle an der Mündung des Wesselbaches im Nahmertal nahe Hohenlimburg. Dort gewann er schon in frühester Jugend Einblick in die Technik der Drahtherstellung. Später stellte er aus dem in der Rolle gezogenen Draht Stricknadeln her, die ihm den Spitznamen „Strickstock-Berend" einbrachten und die sich einer großen Nachfrage erfreuten. Er selbst zog mit einer Kiepe über Land und verkaufte seine Waren unmittelbar an die Endverbraucher.
> Bei seinen ausgedehnten Reisen lernte Boecker offenbar auch die Technik des Drahtwebens kennen und konstruierte in Anlehnung an die Vorbilder einen Webstuhl zur Herstellung von Drahtgeweben. 1822 beschickte Bernhard Boecker bereits die „Ausstellung vaterländischer Gewerbeerzeugnisse" in Berlin und erhielt als Auszeichnung für die Qualität seiner Drahtgewebe den 1. Preis – eine Bronzemedaille – zuerkannt. Am 17. April 1847 verstarb Bernhard Boecker als wohlhabender und angesehener Mann in Hohenlimburg.

Im Jahre 1826 gründete Bernhard Boecker zusammen mit seinem Freund, dem Weber Karl Haver, in einem kleinen Fachwerkhaus neben der reformierten Kirche in Hohenlimburg die Firma Boecker & Haver[41]. Dort setzte sie den von Boecker entwickelten Drahtwebstuhl

36 Friedrich August Alexander Eversmann, Übersicht der Eisen- und Stahlerzeugung auf Wasserwerken in den Ländern zwischen Lahn und Lippe. Hauptteil Dortmund 1804 über die Grafschaft Mark ganz ausführlich, S. 192–288, und darin „Von der Draht-Fabrik", S. 266–279.

37 Karl Heinrich Kaufhold, Das Metallgewerbe der Grafschaft Mark im 18. und frühen 19. Jahrhundert (Vortragsreihe der Gesellschaft für Westfälische Wirtschaftsgeschichte e.V., Heft 20), Dortmund 1976, S. 22.

38 Rolf Sommer, Die Industrie im mittleren Lennetal, in: Spieker, Landeskundliche Beiträge und Berichte, H. 7, Münster 1956, S. 23–72.

39 Hans Jürgen Teuteberg, Vom Agrar- zum Industriestaat, S. 211.

40 Vgl. Wilhelm Boecker, Aus dem Leben Bernhard Boeckers, *in:* Fritz Emde (Hrsg.), Hohenlimburg. Industriestadt im Kranz grüner Wälder, Altena 1961, S. 116–118, und Hohenlimburger Heimatbuch, Ostern 1925, S. 110–111. Ausführlich zur Geschichte der Firma und Familie Wilhelm Bleicher, Aus der Geschichte der Firma und Familie Bernhard Boeckers, *in:* Heimatblätter für Hohenlimburg, 8/1975, S. 187–206.

41 Vgl. Wilhelm Bleicher, Die Lohgerberei Braß am „alten Markt" in Limburg, *in:* Hohenlimburger Heimatblätter, 1986, 7, S. 122f.

Abbildung 6: Bernhard Boecker, genannt Strickstock-Berend

vornehmlich zur Herstellung feiner Messing-Drahtgewebe ein, die für die Fertigung der von dem Engländer Humphrey Davy 1815 entwickelten Sicherheitsgrubenlampe benötigt wurden. Die Nachfrage nach diesem Produkt war so stark, daß die Firma Boecker & Haver schon 1830 in ein neues, vergrößertes Betriebsgelände umziehen mußte, welches bis 1905 benutzt wurde. Schon 1850 wurde in Obernahmer ein zweites Werk gegründet, eine Feindrahtzieherei, die im Volksmund „Kleine Schule" genannt wurde, weil hier die Lehrjungen das Feindrahtziehen erlernten. 1856 waren etwa 30 Personen bei Boecker & Haver beschäftigt[42].

> Schon lange Zeit hatte es die Bergwerkstechniker beschäftigt, eine ungefährliche Beleuchtung der modernen größeren Bergwerke zu entwickeln. Erste Versuche, das Tageslicht durch Spiegel in die Schächte zu bringen, blieben ebenso erfolglos, wie

42 Wilhelm Bleicher, Die Epochen der Industrieentwicklung im Nahmertal bei Hohenlimburg, *in:* Technische Kulturdenkmale, 1974, H. 4, S. 11–12, und Hagener Heimatkunde 1976, S. 168. 1905 schloß die Firma ihre Pforten.

Versuche mit Lampen. Erst 1813 gelang es Dr. William Reid Clanny aus Sunderland zu demonstrieren, daß eine künstliche Beleuchtung in Kohlengruben ohne die Gefahr einer Schlagwetterexplosion möglich war. Diese Sicherheitslampe wurde durch Humphrey Davy derart verbessert, daß er den bis dahin üblichen Glaszylinder der Lampe durch einen aus Drahtgewebe ersetzte und die Lampe 1816 erfolgreich in der Hebburn Colliery einsetzte[43]. Hierdurch trat plötzlich ein sehr großer Bedarf an feinen Drahtgeweben auf, der mit den bisherigen Herstellungsverfahren nicht mehr gedeckt werden konnte.
Die Neuerung der Davy'schen Grubensicherheitslampe besteht darin, daß eventuell vorhandene Grubengase – schlagende Wetter – wohl durch die Maschen des Drahtgewebezylinders an die offene Flamme herantreten können, jedoch nicht explodieren. Die Flamme wird bei Vorhandensein von schlagendem Wetter sofort wesentlich heller und warnt die Bergleute vor der Gefahr, so daß sie den Schacht unverzüglich verlassen können. Durch den Drahtgewebezylinder wird jedoch die durch die Verbrennung gebildete Wärme sofort abgeleitet, so daß es nicht zur Entzündung kommen kann. Diese Grubenlampe ist also keine Lampe, sondern ein wissenschaftliches Instrument, um das Vorhandensein schlagender Wetter festzustellen.
Für die Steinkohlen-Bergwerke in England und im übrigen Europa, besonders aber im Ruhrgebiet, mußten nun dieser Sicherheitslampen schnell angeschafft werden. Es wurden deshalb Verfahren gesucht, die es ermöglichten, die dafür benötigten Drahtgewebe rationell und präzise herzustellen[44].

Der nicht zuletzt auf die Initiative Bernhard Boeckers zurückzuführende Aufschwung der Drahtgewebeindustrie im märkischen Sauerland fiel zusammen mit einer schweren Absatzkrise der traditionellen märkischen Drahtindustrie. Diese hatte ihre jahrhundertealte Vorherrschaft aufgrund der gewachsenen ausländischen Konkurrenz, die seit der zweiten Hälfte des 18. Jahrhunderts vor allem in England, Frankreich und Schweden entstanden war, eingebüßt[45]. Auch spielten die napoleonischen Veränderungen eine bedeutende Rolle, denn die Grafschaft Limburg war dem Großherzogtum Berg einverleibt worden und damit durch hohe Zollmauern vom französischen Wirtschaftsraum sowie durch die Kontinentalsperre von Übersee ausgesperrt. Als 1815 nach dem Zusammenbruch der napoleonischen Herrschaft die Zollmauern fielen, überschwemmten billige Drähte der mittlerweile übermächtigen englischen Konkurrenz den deutschen und europäischen Markt. Hinzu traten Standortnachteile der Drahtwalzwerke, die zu einer späteren Umsiedlung zahlreicher Unternehmen in das nach 1852 expandierende Zentrum der deutschen Schwerindustrie, ins Ruhrgebiet, führten[46]. In der ersten Hälfte des 19. Jahrhunderts entwickelte sich hier eine blühende Drahtgewebeindustrie, die einerseits die traditionellen Produkte dieser Region, den Draht, als Rohstoff nutzen konnte und andererseits damit zugleich neue Absatzmöglichkeiten erschloß. Zahlreiche Drahtwebereien wurden hier in diesem Zeitraum gegründet. Neben der Firma Boecker & Haver machten sich die bereits seit 1810 bestehenden Firmen J. P. Hüsecken und Philipp

43 Gerhard Schönbauer, Die Herstellung, S. 6.

44 E.F. Haver und G. Schönbauer, Drahtgewebe. Ausführlich dazu: E. Thomas & Williams Ltd., Cambrian (Miner's) Lamp Works, Aberdare, Mid Glamorgan: Original Types of Miner's Flame Safety Lamps, mit einer umfassenden Geschichte dieser Neuerung.

45 Vgl. zur Entwicklung der Drahtindustrie dieser Region Hermann Esser, Hohenlimburg und Elsey. Ein Beitrag zur westfälischen Orts- und Territorialgeschichte, Dortmund 1908, S. 457–478; Hohenlimburger Heimatbuch, Ostern 1925, S. 103–109; Wilhelm Bleicher, Epochen sowie ders., 750 Jahre Hohenlimburg, Hagen 1979, insbes. S. 165–170; zum Drahtgewebe vgl. auch S. 176–178. Eng verbunden mit dieser Entwicklung ist die Geschichte der Firma C.D. Wälzholz, die dokumentiert wird *in:* Das ist C.D. Wälzholz. 150 Jahre 1829–1979, Konstanz 1979, S. 75–88.

46 Vgl. dazu Beckert, Die Eisenindustrie, *in:* Festschrift zur XXIV. Hauptversammlung des Vereins deutscher Ingenieure in Dortmund, Dortmund 1883, S. 150ff., und Henry Voelker, Die deutsche Eisen- und Stahlindustrie, Berlin 1907, S. 56ff.

Boecker diese Neuerung zu eigen, ebenso wie die 1829 gegründete Firma J.C. Koch sowie die Firmen C.M. Pieper (Gründungsjahr 1837) und Friedrich Boecker (1855)[47].

In einer Aufstellung sämtlicher industrieller Firmen zu Ende des 19. Jahrhunderts tauchen alle diese Gründungen wieder auf, z.T. allerdings mit verändertem Produktionsprogramm. Nur die Firmen Philipp Boecker, Friedrich Boecker und C.M. Pieper & Co. betrieben weiterhin die Drahtweberei. Neu hinzugekommen war 1897 die Firma F.H. Störing & Co. Die Firma Boecker & Haver betrieb zu dieser Zeit nur noch ein Kaltwalzwerk und eine Drahtzieherei, die Firma J.P. Hüsecken & Co. stellte lediglich Draht und Bandeisen her, während sich die Firma J.C. Koch auf die Produktion von elektrischen Artikeln beschränkte[48].

Die Gründung der Firma Haver & Boecker 1887

Am 25. August 1887 wurde in Hohenlimburg, dem deutschen Zentrum der Drahtzieherei und Drahtweberei, die Firma Carl Haver & Ed. Boecker gegründet[49]. Die beiden Gründer, als Vettern miteinander verwandt, waren zuvor schon geschäftlich tätig gewesen. Eduard Boecker hatte in der Firma Boecker & Haver in Hohenlimburg, die bereits 1826 von Bernhard Boecker und Karl Haver, ebenfalls ein Vorfahr des späteren Carl Haver, gegründet worden war, in der Drahtgewebeherstellung Erfahrungen gesammelt und brachte somit Kenntnisse in der Herstellungstechnik von Drahtgeweben in die Firma ein. Carl Haver entstammte einem seit 1726

Abbildung 7: Die Gründer: Carl Haver (links) und Eduard Boecker

47 Vgl. zu diesen Gründungen Paul Bornefeld, Die Drahtweberei und Drahtmalerei in Hohenlimburg, *in:* Fritz Emde (Hrsg.), Hohenlimburg, S. 118–122.
48 Vgl. die Aufstellung bei Hermann Esser, Hohenlimburg, S. 473–478.
49 Zur Gründungsgeschichte der Firma vgl. 50 Jahre Carl Haver und Ed. Boecker, Oelde 1937 sowie Ulrich Gehre, Am sausenden Webstuhl. Porträt eines Unternehmers in unseren Tagen. Zum 75. Geburtstag von Fabrikant Haver am 29. Mai 1969, Oelde 1969.

in Schwerte bestehenden Textil- und Manufakturwarengeschäft und hatte sich Kenntnisse über die Weberei angeeignet[50].

Über die frühe Geschichte der Firma Haver & Boecker gibt eine Chronik der Familie Haver Auskunft, die von Johannes Haver (Okt. 1664–27.3.1709) begonnen und von den folgenden Generationen jeweils ergänzt wurde[51]. Über den Firmengründer Johann Gottfried *Carl* Eduard Haver (22.3.1845–16.3.1905) ist aus einer Eintragung folgendes bekannt:

> „Johann Gottfried *Carl* Eduard, geb. den 22. März 1845, erlernte die Kaufmannschaft in dem Fabrikgeschäft Gebrüder Schuchard in Barmen, war dann noch eine Zeitlang als Commis in zwei anderen Häusern des Wuppertales und trat in das väterliche Geschäft ein am 27. März 1865. Er stand dann seinem ziemlich leidenden Vater bis zu dessen Tode zur Seite, leitete dann die Geschäfte bis zum Tode der Mutter und übernahm es alsdann für eigene Rechnng. Er trat in den Stand der heil. Ehe am 18. Juni 1873 mit *Anna* Margarethe Johanna, Tochter des Apothekers Wilhelm Krause und verstorbener Ehefrau Bertha Wilhelmine geborene Adlich zu Greifenberg in Hinterpommern."

Abbildung 8: Das Haversche Haus in Schwerte mit dem Textilgeschäft

50 Carl Haver besuchte nach seiner Lehrzeit die Webschule in Elberfeld, wo er u.a. einen „Theoretischen Kurs der gesamten Weberei" absolvierte, über den noch ein handgeschriebenes Studienbuch von ihm existiert.

51 Das Original, das sich im Besitz von Dr. med. Paul Haver, Hagen, befand, ging leider in einem Bombenangriff auf Hagen, der das Haus Paul Havers zerstörte, im Zweiten Weltkrieg verloren. Carl Haver (1845–1905) hatte 1902 allerdings eine Abschrift angefertigt. Diese befand sich im Besitz Erich Havers, ging beim Einmarsch der Amerikaner 1945 aber ebenfalls verloren. Auf recht ungewöhnliche Weise kam diese Abschrift 1983, ergänzt durch Eintragungen von Walther Haver (1877–1914) und Erich Haver (1880–1956) wieder in den Besitz der Familie. Dazu vgl. Heimkehr einer Familienchronik nach 40 Jahren, *in:* HB-Kurier III/1983, S. 2–3.

Das väterliche Geschäft in Schwerte bestand bei seinem Eintritt bereits seit über hundert Jahren[52]. Gegründet wurde es vermutlich durch Gottfried Caspar Haver (1704–1768), der erstmals in der Familienchronik als „Kaufmann in Schwerte" bezeichnet wurde. Das Geschäft handelte mit Manufaktur- und Modewaren und hatte früher ganz erhebliche Bedeutung besessen und seinen Kundenkreis bis nach Dortmund ausgedehnt. Doch die wirtschaftliche Entwicklung während der „großen Depression" der 1870er und 1880er Jahre[53] ging auch am Haverschen Geschäft nicht spurlos vorbei. Der Umsatz sank, und Carl Haver sah sich genötigt, nach neuen geschäftlichen Möglichkeiten Ausschau zu halten, um die Existenz seiner wachsenden Familie zu sichern.

Seine Frau Anna berichtet in ihren Lebenserinnerungen auf S. 52 aus dieser Zeit:

> „Und dann kamen doch durch den immer größer werdenden Hausstand die Sorgen, das Geschäft zu erweitern. Unser Haus war mit der Zeit in keiner guten Geschäftslage, und so bemühte mein fleißiger Mann sich recht, nach dieser und jener Seite zu verbessern. Er entschloß sich zu einem Geschäftswechsel, indem er mit Vetter Eduard Boecker in Hohenlimburg eine Drahtweberei gründete. So erlosch unsere Firma mit unserem Fortgang in Schwerte, und statt der Firma Friedrich Haver führte unser neues Werk die Firma Carl Haver und Ed. Boecker Hohenlimburg."

So gründete er also zusammen mit Eduard Boecker die neue Firma in Hohenlimburg. Über die Motive, die Carl Haver zur Gründung der Drahtweberei in Hohenlimburg veranlaßten, berichtet er in der Familienchronik:

> „Da mein Geschäft in Schwerte (Manufakturwaren- und Modewarenhandlung), das weit über 100 Jahre in meiner Familie gewesen ist, in den letzten Jahren leider immer schlechter wurde und trotz aller Anstrengungen von meiner Seite sich nicht wieder heben wollte, so habe ich mich nach jahrelangen Überlegungen entschlossen, dasselbe aufzulösen und eine andere Branche zu ergreifen. Leider mußte ich zu diesem Zwecke auch das alte Haversche Stammhaus in Schwerte verkaufen, und meine Vaterstadt Schwerte, in der ich eine so lange Reihe glücklicher Jahre verlebte, verlassen, was mir besonders schwergefallen ist und was ich wohl nie ganz überwinden werde. Am 18.10. 1887 (Dienstag) siedelte ich mit meiner Familie nach Hohenlimburg über, wo ich schon einige Wochen vorher mit meinem Vetter Eduard Boecker von dort eine Fabrik in der Wesselbach in Drahgeweben und Drahtgeflechten unter der Firma Carl Haver & Ed. Boecker errichtete.
> Gott der treue Herr, der ja die Gebete der Seinen erhören will, wolle auch meine Bitte nicht unerhört lassen und mir in meinem neuen Geschäft Seinen Segen verleihen, daß ich imstande bin, die lieben Meinigen anständig und ehrlich zu ernähren. Ihm sei Lob und Preis nun und in ewigen Zeiten. Amen."

Der Betrieb in Hohenlimburg nahm am 25. August 1887 mit einem Werkmeister und zwölf Arbeitern, die alle noch namentlich bekannt[54] sind, in Hohenlimburg die Arbeit auf. Fabrikgebäude und Belegschaft vermitteln einen Eindruck aus den frühen Tagen der Firma.

52 Das berichtete seine Frau Anna Haver (1853–1926) in ihren Lebenserinnerungen, die ebenfalls in handschriftlicher Form vorliegen, auf S. 33.

53 Dazu vgl. Hans Rosenberg, Große Depression und Bismarckzeit, Berlin 1967, und S.B. Saul, The Myth of the Great Depression 1873–1896, Glasgow 1969.

54 Es handelt sich um Ernst Heimann, Fritz Tillmann, Eduard Kramer, Bernhard Henkel, Peter Ruhrort, August Vedder, Ludwig Bornemann, Eduard Bornemann, Dietrich Sinemus, Fritz Wasser, Wilhelm Oettershagen und Gustav Steinbach.

sen waren nötig, und auch zu Hause blieb allenfalls Zeit zu einem abendlichen Spaziergang. Die Lebensverhältnisse waren alles andere als großbürgerlich, worauf die bescheidenen Freuden der Kinder an den Semmeln des Großvaters hinweisen, wenn auch die Wohnverhältnisse auch für die damalige Zeit beachtlich großzügig bemessen waren.

Über die Verhältnisse nach der Gründung der Firma geben auch die Lebenserinnerungen eines Sohnes des Gründers, Carl Haver jun. (1884–1977), Auskunft[55]. Dieser berichtet aus den Jahren 1887 und 1888 folgendes:

> „Von meinen ersten Lebensjahren in Schwerte ist nichts in meinem Gedächtnis geblieben. Mein Gedächtnis beginnt erst nach der Übersiedlung nach Hohenlimburg am Tauftag meines dort geborenen Bruders Adolf. Die Tauftorte mit dem Storch hat einen solchen Eindruck auf mich gemacht, daß ich sie bis heute noch vor mir sehe.
> Bis die Fabrik eingerichtet war und das Wohnhaus für uns bezogen werden konnte, wohnten wir in Hohenlimburg am „Neuen Weg" zur Miete. Das war bis in das Jahr 1888 hinein; denn in dieser Wohnung habe ich noch das „Dreikaiserjahr" erlebt, als zwei deutsche Kaiser, Wilhelm I. und Friedrich III., starben und Wilhelm II. den Thron bestieg.
> An den Umzug in unser eigenes Wohnhaus erinnere ich mich nicht. Wir Kinder werden in der Zeit wohl anderswo untergebracht gewesen sein. Aber der Tag, an dem mein Vater mich in die unterste Klasse der Volksschule brachte, steht mir noch lebhaft vor Augen."

Und einige Seiten weiter heißt es:

> „Hätte jemand meinem Vater in den ersten Jahren seiner Unternehmertätigkeit gesagt, daß sein Betrieb noch einmal Filialen im Ausland haben würde, dann hätte er wohl nur ungläubig gelächelt. Die Anfänge waren alles andere als rosig. Zwei Gründe waren es, die besonders dazu beitrugen: Die Hohenlimburger Arbeitsverhältnisse und die Thüringer Konkurrenz. Die Hohenlimburger Drahtzieher hatten Hochkonjunktur. Der Steinkohlenbergbau brauchte Drahtseile und der aufkommende Fernsprechverkehr Telefonleitungen und Überseekabel. Die Drahtziehereien zogen daher die besten Arbeitskräfte an sich und bestimmten die Löhne. Das war für meinen Vater umso schwerwiegender, weil seine Hauptkonkurrenz in Thüringen war, wo man Drahtgewebe in Hausarbeit herstellte, ohne daß die Möglichkeit bestand, durch technische Mittel die Herstellung zu verbilligen. Denn Drahtgewebe wurde noch auf Handwebstühlen hergestellt, während man in der Textilindustrie längst den mechanischen Webstuhl benutzte."

55 Dieser verfaßte in den 60er Jahren auf Anregung seiner Schwiegertochter seine Lebenserinnerungen nach einem wechselvollen Leben als Bankbeamter, Mitarbeiter in der Kolonialverwaltung, selbständiger Unternehmer, evangelischer Pastor, zunächst in Thüringen, später in der Bundesrepublik.

III. DIE GESCHICHTE DER DRAHTWEBEREI UND DER FIRMA HAVER & BOECKER BIS ZUM ERSTEN WELTKRIEG

1. Unternehmensorganisation und Geschäftsleitung

Die Drahtweberei Carl Haver & Ed. Boecker in Hohenlimburg entwickelte sich zunächst recht zufriedenstellend. Bis 1890 hatte sich die Belegschaft von zwölf auf vierundzwanzig Arbeiter bereits verdoppelt[1].

1891 schied Eduard Boecker aus der Firma aus, und Carl Haver wurde alleiniger Inhaber.

Versuche zur Mechanisierung

Infolge der guten Entwicklung der Kleinindustrie im Raum Hohenlimburg und der ehemaligen Grafschaft Mark in den neunziger Jahren des 19. Jahrhunderts trat jedoch bald ein Mangel an qualifizierten Arbeitskräften auf. Hier galt es Abhilfe zu schaffen, insbesondere auch deshalb, weil die Ertragsverhältnisse in der Drahtweberei bei weitem nicht so günstig wie in der mit dieser um die knappen Arbeitskräfte konkurrierenden Drahtzieherei waren und deshalb dort bessere Löhne gezahlt werden konnten. Seit der Mitte des 19. Jahrhunderts waren aus Amerika Versuche bekannt, in der Drahtweberei ebenso wie in der Textilweberei einen mechanischen Webstuhl einzusetzen[2]. An diese Vesuche knüpfte Carl Haver an und erwarb 1891 als erste Firma in Hohenlimburg und vermutlich auch eines der ersten Unternehmen in Deutschland einen mechanischen Drahtwebstuhl[3].

Sein Sohn Carl berichtet in seinen Lebenserinnerungen von diesem mutigen Schritt seines Vaters:

> „Es zeigt die Weitsicht und den unternehmerischen Mut meines Vaters, daß er als erster den Versuch machte, durch Technisierung seines Betriebes die Situation zu verbessern. In Thüringen hatte eine Webstuhlfabrik einen mechanischen Drahtwebstuhl herausgebracht, der im Gegensatz zu allen bisher gebrauchten Webstühlen keine waagerechte, sondern eine senkrechte Webfläche hatte. Ihn kaufte mein Vater und ließ ihn in der Fabrik aufstellen. Es war eine Anschaffung von etwa 20.000 Mark, da zu dem Webstuhl natürlich auch eine Antriebskraft gehörte. Der Versuch mißlang: Der teure Webstuhl wanderte nach kurzer Zeit auf den Schrotthaufen."

Der Lieferant des Webstuhls war die Firma Ernst Huschke in Saalfeld in Thüringen. Dieses Unternehmen, dessen treibende technische Kraft zweifellos der Teilhaber und Ingenieur Oskar Eilhauer war, hatte durch mehrjährige Versuche einen mechanischen Webstuhl zur Erzeugung von Drahtgeweben entwickelt. Es gelang dieser Firma, einige dieser mechanischen Drahtwebstühle abzusetzen trotz einer spürbaren Zurückhaltung der Drahtwebereien[4].

1 90 Jahre Drahtweberei Haver & Boecker, *in:* HB-Kurier, II, 1977, S. 3.
2 In den Akten der Firma C.M. Pieper befindet sich ein Schreiben aus dem Jahre 1872, in dem von einer Firma aus Manchester ein amerikanischer Webstuhl angeboten wurde. Vgl. Paul Bornefeld, Drahtweberei, S. 119.
3 50 Jahre Carl Haver & Ed. Boecker, o.S.
4 1867–1967. 100 Jahre Emil Jäger, Festschrift, S. 17.

Den ersten Versuch zur Einführung eines mechanischen Webstuhls machte die Eisengießerei und Maschinenfabrik Huschke mit der Drahtgewebefabrik Paschold, Doeger & Co. in Saalfeld selbst. 1890 wurde von Huschke der erste mechanische Webstuhl geliefert. Leider waren diese Versuche nur wenig erfolgreich, so daß die Firma bald bankrott machte. Der Leiter der Firma wechselte zu Emil Jäger nach Neustadt/Orla, während die Patente an die Firma Irmischer in Saalfeld gingen. Beide Firmen stellten bald darauf funktionsfähige mechanische Drahtwebstühle her: Jäger 1891 und Irmischer 1894[5].

Durch einen mechanischen Drahtwebstuhl erhöhte sich die Produktivität eines Drahtwebers gegenüber einer Tätigkeit am einfachen Drahtwebstuhl um das 8,5fache und gegenüber einem Schnellschützen um das 4fache. Trotz dieser Produktivitätssteigerung erfolgte die Einführung des mechanischen Drahtwebstuhls nur sehr langsam. Hohe Anschaffungskosten, technische Mängel und fehlende Antriebsmöglichkeiten hemmten seine Verbreitung ebenso wie deutlich artikulierte Widerstände der Handweber[6].

Die großen Hoffnungen, die Carl Haver mit dem mechanischen Webstuhl verbunden hatte, erfüllten sich zunächst jedoch nicht. Er hoffte auf eine Vervielfachung der Webleistung, weil seitens der Steinkohlenbergwerke große Mengen schwerer Drahtgewebe für die Aufbereitung der Kohle in Kohlenwäschen und Kohlenseparationen nachgefragt wurden[7]. Der mechanische Drahtwebstuhl war offenbar den Belastungen einer kontinuierlich hohen Beanspruchung nicht gewachsen; eine Seitenwand zerbrach, der Webstuhl ging zu Bruch und landete auf dem Schrotthaufen[8].

Der Ausfall dieses Webstuhls stellte für die Firma Haver & Boecker einen schweren Verlust dar. Nicht nur hohe Anschaffungskosten, sondern auch weitere Investitionen waren damit verbunden gewesen. Man hatte eigens für den mechanischen Webstuhl einen besonderen Anbau an das Fabrikgebäude errichtet und für seinen Antrieb von der Gasmotorenfabrik Deutz einen Gasmotor angeschafft. Da die Firma Ernst Huschke in Saalfeld bald nach dem Ausfall des mechanischen Webstuhls in Konkurs ging, konnte sie für den anfallenden Schaden nicht mehr haftbar gemacht werden. Die gesamten Anschaffungskosten von 20.000 Mark mußten daher abgeschrieben werden. Dies war für die junge Firma ein schwerer Schaden.

Der Ingenieur Oskar Eilhauer, bislang Teilhaber der Firma Ernst Huschke, trat 1891 an die Gebrüder Jäger, die 1888 in Neustadt in Thüringen eine Eisengießerei und eine Maschinenfabrik errichtet hatten und zu deren Kunden auch die Firma Huschke zählte, mit dem Vorschlag heran, gemeinsam einen mechanischen Drahtwebstuhl zu bauen und damit die Saalfelder Versuche fortzusetzen[9]. Die Gebrüder Jäger erkannten, daß sich hier für sie technisches Neuland mit zahlreichen Chancen und Risiken eröffnete, denn die wirtschaftlichen und technischen Vorteile des mechanischen Drahtwebstuhls lagen auf der Hand. Ernst Huschke, der gescheiterte Innovator, hatte sie bereits 1890 in einem Katalog seiner Konstruktion ausführlich beschrieben[10]:

5 Hans Baermann, Die Drahtgewebeindustrie, S. 26f. Zur Entwicklung und zum Produktionsprogramm der Firma Irmischer vgl. kurz: Franz Irmischer, Maschinenfabrik und Eisengießerei, Saalfeld (Thüringen), o. J.

6 Ganz so wie in der Textilweberei etwa einhundert Jahre zuvor. Vgl. dazu Paul Mantoux, The Industrial Revolution, und zur Drahtweberei Hans Baermann, Die Drahtgewebeindustrie.

7 Zur enormen Ausweitung dieser Produktionszweige im Ruhrbergbau nach 1892 vgl. Toni Pierenkemper, Die westfälischen Schwerindustriellen. Soziale Struktur und unternehmerischer Erfolg, Göttingen 1979, S. 110ff.

8 90 Jahre Drahtweberei, S. 3, 50 Jahre o.S.

9 Festschrift Jäger, S. 23.

10 Festschrift Jäger, S. 23.

„Angenommen ein Gewebe, welches auf dem Handwebstuhl durch vier feste Weber erzeugt wird. Diese machen per Minute einen Einschuß, der von allen vier Mann vier schwere Ladenschläge erfordert, um ihn genügend anzutreiben. Das vollbringt mein Stuhl ganz allein und macht per Minute fünfzehn Schuß, folglich leistet und verdient derselbe das 60fache eines Mannes."

Die Firma Jäger war jedoch nicht sehr gut auf diesen neuen Produktionsbereich vorbereitet, es fehlte an Maschinen und qualifizierten Arbeitskräften. Trotzdem entschlossen sich die Gebrüder Jäger zum Bau eines mechanischen Drahtwebstuhls.

Noch Ende 1891 konnte der erste von der Firma Jäger hergestellte mechanische Drahtwebstuhl an die Firma C.M. Pieper & Co. in Hohenlimburg ausgeliefert werden. Diese Neuentwicklung bewährte sich und begründete den Aufschwung der mechanischen Drahtweberei und damit verbunden auch den Aufstieg der Firma Jäger in diesem Geschäftszweig.

Verlegung der Firma nach Oelde

Der erste Versuch zur Mechanisierung der Drahtweberei hatte sich für die Firma Haver & Boecker als Fehlschlag erwiesen. Für Carl Haver stellte sich nun das Problem, einen zweiten Versuch zu wagen, wie ihn das Konkurrenzunternehmen in Hohenlimburg, C.M. Pieper & Co., unternahm, oder nach anderen Wegen zur Senkung des Lohnkostenanteils an den Drahtgeweben zu suchen. Er entschied sich für die Verlagerung der Produktion in eine Region mit geringeren Lohnkosten.

In der Familienchronik berichtet Carl Haver selbst von dieser Entscheidung:

„Mein Hohenlimburger Fabrikgeschäft, *dessen alleiniger Inhaber ich seit 1892 war,* wollte sich trotz größter Anstrengungen, hauptsächlich der hohen Löhne wegen, nicht so entwickeln, wie es für mein Aus- und Vorankommen unbedingt nötig war. Ich erwog deshalb schon lange den Gedanken, in einer Gegend mit günstigeren Lohnverhältnissen eine Zweigniederlassung zu gründen. Diese Absicht verwirklichte ich anfangs *1897* dadurch, daß ich einen Teil *meiner* Webstühle in *Oelde* in einem von Herrn Anton Busch daselbst gemieteten Gebäude aufstellte. Da aber der Doppelbetrieb große Schwierigkeiten verursachte und ich mein gesamtes Hohenlimburger Besitztum günstig an die Nachbarfirma Carl Kritzler verkaufen konnte, so verlegte ich im Laufe des Sommers *1897* meinen ganzen Betrieb nach *Oelde,* wo er sich unter Gottes Gnadenbeistand und unter tatkräftiger Hilfe meiner Kinder sehr befriedigend entwickelte. Gott der treue Herr wolle auch fernerhin mit seinem Segen bei mir und den Meinigen sein und mir Gnade verleihen, daß ich die lieben Meinen ehrlich und auskömmlich ernähren kann. Ende Juni 1897 übersiedelte ich mit meiner Familie, des Gymnasiums wegen, nach Gütersloh, von wo ich an jedem Wochentage zweimal nach Oelde und zurück fuhr. Letzteres wurde mir im Laufe der Zeit sehr beschwerlich, weshalb ich am *1. April 1900* meinen Wohnsitz ebenfalls nach Oelde verlegte. Wir fanden hier eine passende Wohnung im Hause des Herrn Clemens *Westhoff gt. Nünning* in der *Lindenstraße,* die wir auch heute (1902) noch inne haben. Der dreieinige Gott, dessen Gnadenhand so sichtbarlich bei mir und den Meinen war, der wolle auch in Zukunft uns Seinen Segen nicht entziehen und es uns an keinem Guten fehlen lassen. Ihm sei Lob und Preis und Dank nun und in Ewigkeit. Amen."

Bei einem Besuch der Beckumer Zementwerke, die einen großen Bedarf an Drahtgeweben hatten, sprach Carl Haver mit dem Hotelier Wolf, der in Oelde das Bahnhofs-Hotel betrieb, über seine Absicht, die Drahtweberei aus Hohenlimburg zu verlegen. Dieser wies ihn darauf hin, daß in Oelde die Lohmühle am Rathausbach leer stehe und zu mieten sei. Erst 1905 wurde die Mühle dann gekauft. Hier errichtete Carl Haver 1897 zunächst einen Zweigbetrieb, in dem Drahtgewebe weiterhin auf Handwebstühlen gefertigt wurde. Die Arbeiter für seinen neuen Betrieb in Oelde mußten von ihm selbst, seinem Sohn Walther und dem ebenfalls übergesiedelten Werkmeister Heinrich Haarmann sowie dem Drahtweber Anton Sahula zunächst in ihrem neuen Beruf angelernt werden. Dies war zu Anfang recht schwierig, denn Industriearbeiter standen nicht zur Verfügung, und mancher Landarbeiter hielt es im Sommer nicht lange in den vier Wänden aus. Das Städtchen Oelde bot am Ende des 19. Jahrhunderts ein noch recht beschauliches Bild[11]. Die Übersiedlung der Firma Haver & Boecker von Hohenlimburg nach Oelde wurde deshalb in der örtlichen Presse entsprechend vermerkt. Die Oelder Tageszeitung „Die Glocke" berichtete in ihrer Nr. 125 vom 1.6.1897 deshalb:

> „In neuer Zeit macht sich in unserem stillen Landstädtchen auch etwas Unternehmungsgeist bemerkbar, die bestehenden Fabriken haben ihren Betrieb nicht unwesentlich vergrößert. Die Drahtweberei von Haver & Boecker in Hohenlimburg, welche schon jetzt hier ca. 15 Arbeiter beschäftigt, will ihren ganzen Betrieb nach hier verlegen."

Der gewerblich-industrielle Aufschwung, den Oelde am Ende des 19. Jahrhunderts erfuhr, war wesentlich bedingt durch seine günstige Verkehrslage. Am 19. Februar 1846 wurde mit mit dem Bau der Köln-Mindener Eisenbahn begonnen, und schon am 15. Oktober 1847 passierte der erste Zug Oelde[12]. Dies war für Oelde ein epochales Ereignis, obwohl die wirtschaftliche Entwicklung nach 1850 zunächst nur zögerlich voran kam. Bis 1880 war die Einwohnerzahl nur von 1.791 (1852) auf 3.011 gestiegen. Es hatten sich am Ort die Blechwarenfabrik von W. + H. Frieling (gegr. 1871) und die Bandfabrik von Hubert Koberg (gegr. 1868) niedergelassen. 1889 folgte die Wurstwarenfabrik Linnemann & Co. und 1893 die Zentrifugenfabrik Ramesohl & Schmidt. Hinzu trat 1897 die Firma Haver & Boecker.

Da sich im April 1897 die Gelegenheit fand, das Anwesen in Hohenlimburg-Wesselbach an das benachbarte Werk Carl Kritzler, Drahtzieherei und Kaltwalzwerk, zu verkaufen, und die Aufrechterhaltung eines örtlich geteilten Betriebes der Drahtweberei sich als schwierig erwiesen hatte, entschloß sich Carl Haver, ganz nach Oelde umzusiedeln. Der Firmensitz Hohenlimburg wurde also aufgegeben und der gesamte Betrieb nach Oelde verlagert. Dies geht auch aus einer entsprechenden Notiz in der Hohenlimburger Tageszeitung „Der Gemeinnützige", Nr. 63, vom 17. Juli 1897 hervor:

> „Handelsregister des Königl. Amtsgerichtes Hohenlimburg
> Bei der unter Nr. 63 unseres Firmenregisters eingetragenen Firma Carl Haver & Ed. Boecker zu Hohenlimburg (Firmeninhaber Kaufmann Carl Haver hierselbst) ist am 10. Juli 1897 vermerkt, daß die Niederlassung nach Oelde verlegt ist."

Carl Haver jun. berichtet in seinen Lebenserinnerungen über diesen problembeladenen und folgenschweren Ortswechsel der Firma lapidar:

> „Mein Vater sah ein, daß er in Hohenlimburg auf keinen grünen Zweig kommen würde. Er verkaufte nach zehnjähriger Tätigkeit sein Anwesen an den Nachbarn Kritzler und verlegte seinen Betrieb nach Oelde."

Der Beginn der Firma in Oelde war äußerst schwierig. Carl Haver jun. berichtet in seinen Lebenserinnerungen aus dieser Zeit:

> „In Oelde hatte mein Vater das leer stehende Gebäude einer Lohgerberei gemietet. Nach dem vierstöckigen Fabrikgebäude in Hohenlimburg war es ein tiefer Hinabstieg. Aber die Arbeitsverhältnisse waren gut: es gab genügend Arbeitskräfte zu Löhnen, die gegen Thüringen wetteifern ließen."

11 Vgl. Zögernd zog die Industrie mit der Bahn in Oelde ein, *in:* Die Glocke, 11./12. Dez. 1982.

12 Zum Bau der Köln-Mindener Eisenbahn vgl. Walther Steitz, Die Entstehung der Köln-Mindener Eisenbahn, Köln 1974, und Wilhelm Wortmann, Eisenbahnbauarbeiter im Vormärz, Wien 1972.

Die Einführung eines gänzlich neuen Industriezweiges in Oelde war von Anfang an mit Schwierigkeiten verbunden. Es herrschten dort noch ländliche Verhältnisse, die die Heranbildung einer Industriearbeiterschaft und einer Stammbelegschaft sehr erschwerten[13]. Hinzu traten Probleme der technischen Ausstattung, auch wenn zunächst wegen der Erfahrungen in Hohenlimburg weiter mit Handwebstühlen produziert wurde. Der zuständige Amtmann Geischer von der Gemeindeverwaltung half jedoch auch über diese Anfangsprobleme hinweg, wenn er es mit den baupolizeilichen Vorschriften in der alten Lohmühle manchmal nicht so genau nahm.

Der mechanische Drahtwebstuhl, bei dessen erster Erprobung die Firma Haver & Boecker maßgeblich beteiligt gewesen war, wurde in den neunziger Jahren des 19. Jahrhunderts immer weiter verbessert. Dies machte sich für die Konkurrenzfähigkeit der Firma Haver & Boecker, die ja weiterhin ausschließlich mit Handwebstühlen produzierte, sehr negativ bemerkbar.

Über den Ausbau der Fabrik wird berichtet[14]:

> Neben der Drahtweberei setzte man dann noch im Jahre 1897 einige Flechtmaschinen zur Herstellung von viereckigem Maschinengeflecht in Betrieb, erstand einen sog. Gaggenauer Dampfsparmotor (3 PS), der freilich wie ein alter Gaul seine Mucken hatte und nur von Zeit zu Zeit lief, während er sich die übrige Zeit in der Behandlung der damaligen Firma Riefenberg u. Apel befand. Im Jahre 1900 wurde ein zehnpferdiger Benz-Motor angeschafft. Haver u. Boecker hatten sich außer auf die Herstellung von Drahtgeweben s.Zt. besonders auf die Massenherstellung von viereckigem Maschinengeflecht gelegt und auf die Herstellung fertiger Drahtgeflechtzaunanlagen in besseren Gitterarten (Paul Krüger); die Anfertigung der Eisenteile (Pfosten, Rahmen, Tore usw.) besorgte der alte Schlossermeister Brockmann.

Gegen die mit mechanischen Webstühlen arbeitende Konkurrenz konnte sich die Firma immer schwerer behaupten, so daß 1902 ein zweiter Versuch zur Mechanisierung der Produktion unternommen wurde. In Oelde wurde der erste mechanische Drahtwebstuhl 1902 aufgerichtet, weitere folgten bald. Dieses Mal wurde auf eine zuverlässigere Konstruktion gesetzt, und bereits 1905 waren alle 30 Handwebstühle durch mechanische ersetzt. 1903 wurde der zum Antrieb dienende Gasmotor durch eine 70 PS-Dampfmaschine der Firma Aßmann & Stockder in Canstatt ausgewechselt, die wiederum im Jahre 1911 einer Dampfmaschine der Firma Lanz mit ca. 130 PS Platz machte.

Wechsel in der Geschäftsleitung

Mitten in diese Übergangsphase zur mechanischen Drahtweberei fiel der Tod des Firmengründers Carl Haver am 16. März 1905. An seine Stelle trat sein Sohn Walther, der nach einer dreijährigen Lehrzeit bei der Eisenhandelsfirma Gustav Bild in Brieg (Schlesien) 1896 ins väterliche Fabrikgeschäft in Hohenlimburg eingetreten war und seitdem seinen Vater bei der Leitung unterstützte.

> Walther Haver wurde am 2. Februar 1877 in Schwerte geboren. Sein Vater Carl Haver berichtet in der Familienchronik:

13 Die Probleme der Rekrutierung, Disziplinierung und Qualifizierung der Arbeiter werden im folgenden Kapitel noch ausführlich diskutiert. Vgl. dazu allgemein Sidney Pollard, Die Fabrikdisziplin in der industriellen Revolution, *in:* Wolfram Fischer und Georg Bajor (Hrsg.), Die soziale Frage. Neuere Studien zur Lage der Fabrikarbeiter in den Frühphasen der Industrialisierung, Stuttgart 1967, S. 151–185.

14 Die Glocke vom 3. Februar 1922.

„Am 2. Februar 1877 wurde uns zu unserer großen Freude unser erstes Söhnchen geboren (ebenfalls in Schwerte), und zwar abends 7 1/2 Uhr. Die Entbindung war nicht so leicht wie die vorausgehende, ging aber, Gott sei Dank, ganz glücklich vorüber. Dem Kinde gaben wir bei der Anmeldung zum Standesregister die Namen *Walther* Paul Heinrich Wilhelm. Am 1. März wurde unser Söhnchen durch die heilige Taufe in die christliche Gemeinschaft aufgenommen."

Über den weiteren Werdegang von Walther Haver berichtet die Chronik:

„Unser lieber Sohn Walther besuchte die Rektoratsschule in Schwerte und Hohenlimburg, kam im Jahre 1891 auf das Gymnasium in Ohlau i/Schl., wo er die Berechtigung zum einjährigen Freiwilligendienst erlangte. Er erlernte dann in den Jahren 1894/96 die Kaufmannschaft bei der Firma Gustav Bild, Eisengeschäft in Brieg i/Schlesien. Im Jahre 1896 trat er in das väterliche Geschäft in Hohenlimburg ein, in dem er auch heute (1902) seinem Vater treu zur Seite steht. Seiner Militärpflicht genügte er mit Auszeichnung vom 1. Oktober 1898 bis zum 30. September 1899 beim Inf. Regt. Kaiser Wilhelm 2 preuß. hessisches Nr. 6 in Gießen. Er leistete dann noch 2 achtwöchige Übungen beim 7. Lothring. Infant. Regt. No. 158 in Paderborn ab und wurde am 18. Oktober 1902 zum Leutnant der Reserve desselben Regiments ernannt."
Walther Haver fiel am 30. Dezember 1914 in Frankreich.

Abbildung 12: Walther Haver (1877–1914)

Walther Haver hatte eigentlich den Wunsch gehabt, Theologie zu studieren, ein Wunsch, der wegen der starken religiösen Orientierung der Familie Haver nur zu verständlich erscheint. Die gesamte Familienchronik spiegelt seit frühester Zeit diese Geisteshaltung der verschiedenen Berichterstatter durch die besondere Hervorhebung der Taufe eines jeden Familienmitgliedes als Aufnahme in die Gemeinschaft der Christen ebenso wie die vielfältigen Bibelsprüche und Gottesempfehlungen innerhalb der Eintragungen. Die starke religiöse Bindung der Familie Haver läßt sich bis hin zu einem Urahnen, der die Stammtafel der Familie Haver anführt und 1612 Stadtprediger in Unna war, dann im gleichen Jahr Generalinspektor der lutherischen Kirche in der Mark wurde[15], zurückverfolgen. Diese feste Verwurzelung im evangelischen Glauben blieb bis in die neueste Zeit in der Familie Haver lebendig. Carl Haver wohnte deshalb nach der Verlegung seines Firmensitzes in Oelde nicht dort, sondern in Gütersloh. Der Grund für diese ungewöhnliche Wahl des Wohnortes wie auch die Tiefe der religiösen Bindung der ganzen Familie wird durch einige Hinweise deutlich, die Carl Haver jun. in seinen Lebenserinnerungen auf die Hohenlimburger, Gütersloher und Oelder Zeit gibt. Er bemerkt:

> „Diese für meinen Vater schweren und sorgenvollen Jahre haben auf unser Familienleben in Hohenlimburg keinen Einfluß gehabt. Unser Tag begann mit einer gemeinsamen Morgenandacht und endete mit einer Abendandacht. Da die ganze Familie Haver der altlutherischen Freikirche angehörte, in Hohenlimburg aber nur eine reformierte Kirche war, wurde auch am Sonntag anstelle eines Kirchenbesuches von unserem Vater ein Lesegottesdienst im Hause gehalten."

Die starke Verwurzelung der Familie im lutherischen Bekenntnis führte auch dazu, daß die Kinder der Familie ihre weiterführende Schulbildung nicht am Orte erhielten, sondern in Schulen, die der konfessionellen Bindung der Familie entsprachen. Anna Haver berichtet in ihren Lebenserinnerungen davon, daß der älteste Sohn Walther wie auch die drei ältesten Töchter aus diesen Gründen das Gymnasium bzw. die höhere Töchterschule in Ohlau/Schlesien besuchten und deshalb dort in Thiergarten bei Ohlau in der Familie ihrer Schwägerin wohnten.

> „Im ersten Sommer verreisten die Töchter für mehrere Wochen, da sie in Bromberg eine Familienhochzeit mitmachten und dann in ihr Jugendparadies Thiergarten reisten. Ich muß hier einflechten, was ich wohl bisher vergaß, daß Walther und die drei Töchter im Hause der geliebten Tante Marie treue Aufnahme fanden und die Töchter das letzte Jahr der Töchterschule dort in Ohlau abmachten und dann konfirmiert wurden; Walther ging in Ohlau auf das Gymnasium . . . "

Ebenfalls aus religiösen Motiven nahm die Familie Haver nach der Verlegung der Firma nach Oelde ihren Wohnsitz nicht dort in einer rein katholischen Region, sondern im ca. 20 km entfernten evangelisch-lutherisch geprägten Gütersloh. Zu dieser Ortswahl bemerkt Anna Haver in ihren Erinnerungen:

> „So verlegten wir denn 1897 unser Werk nach Oelde, wo wir schon eine Filiale angelegt hatten, da dort noch reichlich Arbeitskräfte vorhanden waren. Es waren dort nur zwei Fabriken, so wurde unsere Drahtweberei die dritte. Nachdem wir mit dem Werk in Oelde einigermaßen eingerichtet waren, Mann und Söhne dort schon tätig waren, bereitete ich mit meinem Mädchen den Umzug nach Gütersloh vor. Wir zogen nämlich mit der Familie dorthin, um unseren drei schulpflichtigen Söhnen den Aufenthalt im Elternhaus zu ermöglichen, während sie ein Gymnasium besuchen konnten. Unser Walther und die Töchter haben früh von Hause müssen um den rechten Abschluß ihres Wissens zu erreichen. Und so lebten wir in Gütersloh von 1897 bis 1900. Es sind diese Jahre für uns alle unvergeßlich."

In den Lebenserinnerungen ihres Sohnes Carl Haver jun. finden sich ebenfalls Hinweise auf die Motive dieser Ortswahl. Er schreibt darüber:

15 Siegfried Schunke, Die erste lutherische Synode in der Grafschaft Mark zu Unna am 2. und 3. Oktober 1612, Unna 1962, S. 11.

Die gesamte Branche sah sich ebenso wie die Gesamtwirtschaft[19] bis 1913 mit langfristig steigenden Löhnen konfrontiert. Die Nachfrage nach qualifizierten Drahtwebern trieb die Löhne in die Höhe[20].

Tabelle 1: Wochenlöhne in der Drahtgewebeindustrie 1870–1913 (in Mark)

	Baermann (Rheinland-Westfalen)*	Baermann (Thüringen)	Bry (Bauarbeiter, gelernt)
1870	10–12	.	15
1880	15	.	20
1890	15	15	27
1900	22	22–23	29
1905	.	24	32
1910	23–24	25	36
1913	25–26	28	40

* zugleich reduzierte sich die durchschnittlich tägliche Arbeitszeit von 12 Stunden (1870–1890) auf 9 Stunden (1910–1913)

Die Tabelle 1 zeigt, daß zwar insgesamt seit 1870 auch in der Drahtgewebeindustrie die Löhne bis 1913 auf mehr als das Doppelte gestiegen waren, dieser Anstieg aber geringer ausfiel als in anderen Bereichen der deutschen Wirtschaft, z.B. im Baugewerbe. Darüber hinaus setzte sich dieser Anstieg in der Drahtgewebeindustrie von einem deutlich geringeren Ausgangsniveau aus in Gang, so daß die Lohnverhältnisse dort trotz aller Verbesserungen immer hinter denen der Gesamtwirtschaft zurückblieben[21].

Diese Lohnentwicklung zeigte sich in allen Regionen, in denen die Drahtindustrie Fuß gefaßt hatte in ähnlicher Weise, obwohl die Arbeitsorganisation z.T. sehr deutlich voneinander abwich. In Thüringen, dem neben Rheinland und Westfalen zweiten wichtigen Zentrum dieses Gewerbezweiges, zeigte sich nach der Einführung des mechanischen Drahtwebstuhls, daß die vordem feste Stammarbeiterschaft männlicher Drahtweber zunehmend durch weniger qualifizierte Frauen ersetzt wurde[22]. Allerdings erfolgte die Einführung des mechanischen Drahtwebstuhls hier nur sehr zögerlich; seine hohen Anschaffungskosten, der Widerstand der Handweber sowie technische Mängel behinderten seine Verbreitung beachtlich. In Thüringen weitete sich, bedingt durch die Nachfragesteigerung nach Produkten der Drahtweberei, zunächst deshalb bis 1913 die Heimdrahtweberei noch weiter aus. Diese wurde im Verlagssystem organisiert und überwiegend noch als Nebenerwerb, also nicht als Fabrikindustrie, betrieben[23]. Für die Lohnentwicklung hatte diese Besonderheit der Drahtgewebeindustrie hinsichtlich ihrer Arbeitsorganisation keine Bedeutung, weil in der Heimdrahtweberei die gleichen Akkordlöhne wie in der Industrie gezahlt wurden, allerdings lagen die Arbeitszeiten dort wesentlich über denen der Industrie.

19 Zur Entwicklung der Löhne insgesamt vgl. Gerhard Bry, Wages in Germany 1871–1945, Princeton 1960, insbesondere Anhang A 3 und A 6, auf S. 333–343.

20 Zur Lohnentwicklung in der Drahtweberei vgl. Hans Baermann, Die Drahtgewebeindustrie in Saalfeld und Umgebung, Halle 1929, S. 28 und S. 49.

21 Genaue Angaben über die Entwicklung der Geld- und Reallöhne in diesem Zeitraum bei Jürgen Kuczynski, Geschichte der Lage der Arbeiter unter dem Kapitalismus, Bd. 3, Berlin (Ost) 1962, S. 297–304, und Bd. 4, Berlin (Ost) 1967, S. 326–331.

22 Hans Baermann, Die Drahtgewebeindustrie, S. 44f.

23 Die Anzahl der Drahtwebstühle in der Heimweberei stieg zwischen 1900 und 1903 deshalb in der Saalfelder Drahtgewebeindustrie von 10 auf 60 Stühle. Vgl. Hans Baermann, Die Drahtgewebeindustrie, S. 28.

In der rheinisch-westfälischen Drahtgewebeindustrie hingegen waren die Verhältnisse ganz anders als in Thüringen. Hier wurden fast ausschließlich männliche Arbeitskräfte in Fabriken beschäftigt, und dies, obwohl die Akkordsätze der Männer 35 % über denen der Frauen lagen. Offenbar war der Produktivitätsvorteil der fabrikorganisierten Männerarbeit so groß, daß er den Lohnkostenvorteil der Frauen mehr als kompensierte, denn Lohnkosten bildeten in der Drahtgewebeindustrie den entscheidenden Kostenbestandteil für die Entwicklung der Unternehmen wie auch der ganzen Branche.

Fast die gesamte Arbeiterschaft der Fabriken in Thüringen war freigewerkschaftlich organisiert und gehörte dem Deutschen Metallarbeiter-Verband an. In Rheinland und Westfalen, so etwa auch in Oelde, spielten hingegen die christlichen Gewerkschaften eine gewisse Rolle für die Organisation der Drahtweber. 1907 kam es in Thüringen in dieser Branche zu einem erbitterten Arbeitskampf, der mit der Aushandlung eines ersten Tarifvertrages endete. Anlaß zum Ausbruch des Arbeitskampfes war die bis dahin praktizierte Übung, den Drahtwebern das Wickeln der Schußspulen, die in der Fabrik verwebt wurden, zu Hause zu überlassen. Gegen diese unbezahlte Zusatzarbeit wandte sich der Protest der Arbeiter, und erst in der Folge des Arbeitskampfes wurde diese Praxis aufgegeben.

Die Entwicklung der Firma Haver & Boecker in Oelde erfolgte nach 1897 zunächst nur sehr zögerlich. 1887 hatten Carl Haver und Eduard Boecker die Fertigung in Hohenlimburg mit zwölf Arbeitern aufgenommen. Bis 1890 war die Beschäftigtenzahl bereits um das Doppelte auf 24 gestiegen. Bei Produktionsaufnahme in Oelde, nach Übersiedlung der Firma dorthin im Jahre 1897, betrug die Zahl der Arbeiter 25. Im Zuge des Übergangs von der Handweberei zur mechanischen Drahweberei wurden bis zum Jahre 1905 30 Handwebstühle durch mechanische Webstühle ersetzt. Die Mitarbeiterzahl stieg dann bis 1920 auf 88.

Die ersten ortsansässigen Arbeiter, die in Oelde das damals dort unbekannte Handwerk des Drahtwebens erlernten, waren

Heinrich Quante;
Franz Diekmann und
Heinrich Bußmeier.

Aus der Inventur per 15. Dezember 1897, also der ersten, die nach dem Umzug nach Oelde erstellt wurde, ist ersichtlich, daß 25 Drahtwebstühle und 3 Flechtmaschinen belegt waren. In diesem Jahre sind erst- und leider nur einmalig die Namen der Drahweber mit aufgeführt.[24]

Messingdrahtgewebe:

Sahula	Messingköper Nr. 40
Becker	Messing Nr. 23
Brüggenkamp I	Messing Nr. 26
Haarmann	Messing Nr. 16
Diekmann	verzinnte Messingtresse Nr. 15
Buhsmeier	Messingtresse Nr. 12
Voges	Messing Nr. 11
Scheller	Messingtresse Nr. 10/60

24 Die „Nummer" bezeichnet bei Drahtgeweben die Anzahl der Maschen per rheinisch Zoll von 26 mm.

Eisen- und Stahldrahtgewebe:	
Hagedorn	verzinkt Eisen Nr. 31 1/4
Quante	verzinkt Stahl Nr. 20
Ruhe	verzinkt Stahl Nr. 20
Becker II	verzinkt Eisen Nr. 18
Evenkamp	blank-Eisen Nr. 17
Ruhe	blank-Eisen Nr. 13
Eisen-Grobdrahtgewebe:	
Haver	roh Eisen Nr. 7
Grimm	verzinkt Stahl Nr. 7
Funke	roh Eisen Nr. 6
Brüggenkamp II	roh Eisen Nr. 6
Eustermann	roh Eisen Nr. 5
Aschoff	roh Eisen Nr. 4
Becker	roh Eisen Nr. 3
Stiens	roh Eisen Nr. 3
Garthoff	verzinkt Rabitz 20 aus 1,1 mm
Geflechte:	
Schlebrügge	Spiralgeflecht, roh Eisen Nr. 4
Hagedorn	Spiralgeflecht, roh Eisen Nr. 3 aus 3 mm
Nübel	Viereck-Geflecht, verzinkt Eisen 20 aus 2 mm

Auffallend ist, daß für das neu entwickelte Rabitzgewebe keine Nummernbezeichnung, sondern die Maschenweite bereits mit mm angegeben ist, wie es auch bei dem Viereck-Geflecht der Fall ist.

Eisen, roh und verzinkt, sind vermutlich Drähte deutscher Produktion, während mit „Stahl" die aus England bezogenen Gußstahldrähte gemeint sind.

Über die Schwierigkeiten mit der Arbeiterschaft in der Gründungszeit des Unternehmens berichtet die Oelder Tageszeitung „Die Glocke" aus Anlaß der fünfundzwanzigsten Wiederkehr der Übersiedlung von Haver & Boecker nach Oelde[25].

> „Die Einführung des gänzlich neuen Industriezweiges in Oelde war im Anfang mit erheblichen Schwierigkeiten verknüpft; es versuchte sich mancher auf die „Drahtweberei", der nicht bei der Stange blieb. Eine eigentliche „Industriearbeiterschaft" gab's 1897 in Oelde noch nicht, es herrschten noch rein ländliche Verhältnisse – im Winter, da ging's ja, aber wenn die ersten Lerchen schwirrten, dann hielt's gar mancher in den vier Wänden nicht mehr aus. Die einzigen Fabriken in Oelde waren seiner Zeit die der Firma W. u. H. Frieling und, in den Anfängen begriffen, die Fabrik von Ramesohl und Schmidt. Aber mit westfälischer Zähigkeit wurde allen Anfangsschwierigkeiten getrotzt, und sie wurden langsam, aber sicher überwunden."

Hubert Kahlmeier[26] erinnert sich an die erste Generation der Drahtweber in Oelde. Er nennt dabei die Namen Sahula, Stricker, Niemerg, Adämmer, Münkel, Willi und Heinrich Funke und berichtet:

> die Arbeiter
> „ . . . kamen alle aus Oelde, bloß der Sahula, der kam aus der Tschechei . . . , der ist von Hohenlimburg damals hier mit herübergekommen . . . "

25 Die Glocke vom 3. Februar 1922.
26 Auskunft von Hubert Kahlmeier (geb. 1911) vom 31.7.1986.

Die Einführung der Arbeiter in ihren neuen Beruf erfolgte vor allem unter der Leitung des Werkmeisters Heinrich Haarmann, der 1897 zusammen mit dem Drahtweber Anton Sahula von Hohenlimburg nach Oelde gekommen war. Haarmann leitete als Werkmeister die praktische Fertigung bis 1907 und wurde nach seinem Ausscheiden durch Ludwig Ostermann ersetzt, der ebenfalls aus Hohenlimburg stammte und am 1. Juli 1907 in die Firma eintrat. Dieser widmete sich sehr energisch der weiteren Entwicklung der Drahtweberei und leitete den Betrieb dort fast dreißig Jahre. Am 1. August 1935 schied er aus und trat in den Ruhestand.

Die qualifikatorischen Anforderungen des neuen Berufs können nicht sehr hoch gewesen sein, jedoch handelte es sich beim Drahtweben zu jener Zeit noch um schwere körperliche Arbeit. Hubert Kahlmeier erinnert sich wiederum:[27]

> „an einem Stuhl, da war ja nicht viel dran zu lernen, wenn er es etwas beherrschte, da wurde ja alles mit der Hand aufgesetzt . . .
> im Webstuhl einziehen, das war eine saure Arbeit, immer so hängen, da saß man manchmal acht Tage drin . . . “

Weit bedeutsamer erschien vielmehr die mit dem Übergang zum Fabrikbetrieb verbundene Schaffung einer neuen „Fabrikdisziplin“. Das wichtigste Reservoir für die Fabrikarbeiterschaft bildete in Westfalen die Landwirtschaft[28]. Für die dort Beschäftigten war es sehr schwer, sich an die neuen Arbeitsverhältnisse zu gewöhnen und sich vom natürlichen Arbeitsrhythmus des Tages- und Jahresablaufs an einen gleichförmigen, durch die Uhr bestimmten Arbeitsrhythmus zu gewöhnen. Die Disziplinierung der Fabrikarbeiterschaft stellte demnach ein gravierendes unternehmerisches Problem der Industrialisierung dar[29], das auch schon sehr bald das Interesse der Sozialwissenschaftler fand.

Auch für Haver & Boecker stellte sich zur Jahrhundertwende dieses Problem, denn die Arbeiter

> „ . . . kamen alle vom Lande, hatten alle viel Landarbeit dabei so zusätzlich noch . . . “[30]

Das Problem, das sich aus dieser Konstellation ergab, wurde von einem zeitgenössischen Beobachter folgendermaßen geschildert:[31]

> „An sehr vielen Wochentagen . . . stand die Fabrik leer. In Zeiten, wo die Feldarbeit, die Arbeit für sich selbst und die eigene Familie besonders drängte . . . , da entliefen die Arbeiter der Fabrik, eilten aufs Feld . . . Wenn auch anstrengender, so war sie doch beliebter, die Feldarbeit, wo ohne Zucht und Zwang ein jeder sich frei bewegen konnte.“

Die Einbindung der Fabrikarbeiter in die Landwirtschaft stellte sich für Haver & Boecker wegen der besonderen Verhältnisse in Oelde als Hauptursache für die Disziplinierungsprobleme der frühen Fabrikarbeiterschaft. Die anderen möglichen Ursachen, wie Herkunft aus der Handwerkerschaft, Geringschätzung der Fabrikarbeit und Verschiedenartigkeit der Belegschaft, traten demgegenüber deutlich zurück[32].

27 Auskunft von Hubert Kahlmeier (geb. 1911) vom 31.7.1986.

28 Vgl. dazu Clemens Wischermann, An der Schwelle der Industrialisierung (1800–1850), *in:* Wilhelm Kohl (Hrsg.), Westfälische Geschichte, Bd. 3: Das 19. und 20. Jahrhundert, Wirtschaft und Gesellschaft, S. 41–162, Düsseldorf 1984, S. 152f.

29 Vgl. dazu Bernd Flohr, Arbeiter nach Maß. Die Disziplinierung der Fabrikarbeiterschaft während der Industrialisierung Deutschlands im Spiegel von Arbeitsordnungen, Frankfurt/M. 1981, und als ältere Arbeit Carl Jantke, Der vierte Stand. Die gestaltenden Kräfte der deutschen Arbeiterbewegung im 19. Jahrhundert, Freiburg 1955, S. 154–187.

30 Auskunft von Hubert Kahlmeier (geb. 1912) vom 31.7.1986.

31 Zitiert nach Bernd Flohr, Arbeiter nach Maß, S. 31f.

32 Bernd Flohr, Arbeiter nach Maß, S. 29–31, nennt diese als häufigste Gründe für Disziplinierungsprobleme.

Produktion und Produktivität

Langfristig betrachtet hing der Unternehmenserfolg in der Drahtverarbeitung zweifellos auch von den Verbesserungen der Produktion ab, vor allem von Kostenersparnissen und von Qualitätsverbesserungen. Diese wurden in vielfältiger Weise realisiert, in Form neuer Produkte oder als neue Produktionsmethoden und – weniger leicht auszumachen – als Ergebnis organisatorischer Veränderungen. An dieser Stelle soll jedoch nicht erneut die technische Entwicklung der Branche aufgerollt werden. Dazu wird der Leser auf frühere Ausführungen in diesem Band verwiesen, ebenso auf den Anhang, in dem die wesentlichsten technik-geschichtlichen Meilensteine der Drahtgewebeindustrie und der Firma Haver & Boecker angeführt werden. An dieser Stelle soll nur der Versuch gemacht werden, einige Grundzüge der Produktivitätsentwicklung zu beschreiben und ansatzweise zu erklären.

Für den Zeitabschnitt bis zum 1. Weltkrieg erscheint die Quantifizierung der Produktionsentwicklung des Unternehmens als ein besonders schwieriges Unterfangen. Sie kann nur mittels kühner Annahmen und unter Inkaufnahme großer Unsicherheiten der Ergebnisse vorgenommen werden. In der Annahme, daß erstens die relevante Outputziffer den verfügbaren Jahresumsatzzahlen abzüglich des Postens „Vorräte" entspricht, zweitens diese Zahl für 1897 durch die Bilanzsumme der Firma bestimmt werden kann, und schließlich drittens sich der Preisindex für das gewerbliche Inventar aus den Schätzungen von W.G. Hoffmann u.a.[39] zur Bereinigung des nominalen Umsatzes geeignet erweist, lassen sich folgende Zahlen zur Entwicklung der Arbeitsproduktivität vorlegen[40].

Tabelle 2: Index der Arbeitsproduktivität, Haver & Boecker, 1897–1929*

Jahr	Output Index Nominal	Output Index Real	Zahl der Arbeiter	1897 = 100 Reale Produktivität	Lohnindex Nominal	Lohnindex Real	1913 = 100 Preisindex
1897	100	100	100	100	100	100	76.100
1906	237	181	120	151	144	109	100.130
1907	239	173	120	144	144	104	105.138
1928	2.206	1.208	656	184	275	150	139.183
1929	3.060	1.652	676	244	275	148	141.186

* in laufenden Preisen und Preisen von 1913 errechnet

Zunächst interessiert nur die Periode bis 1913. Nach den Angaben der Tabelle 2 stieg die Arbeitsproduktivität bereits vor dem 1. Weltkrieg merklich an. Die verfügbaren Zahlen beginnen zwar erst mit dem Jahre 1897, doch erscheint die Annahme eines deutlichen Produktivitätszuwachses für die Zeit zuvor als eher unwahrscheinlich, denn erst ab 1897 stieg die für die Schätzung herangezogene Bilanzsumme der Firma stetig an. Der Anstieg seit 1897 reflektiert zum großen Teil die Mechanisierung der Weberei, die 1905 vorgenommen wurde. Mit ihr erfolgte eine physische Produktivitätssteigerung um mehr als das Achtfache, allerdings ohne Berücksichtigung der Vorbereitungszeit sowie der Zusatzkosten für Installation und Instandhaltung der Webstühle[41]. Jedenfalls läßt sich dieses Ergebnis nicht durch eine Arbeits-

39 Walther G. Hoffmann u.a., Das Wachstum der deutschen Wirtschaft seit der Mitte des 19. Jahrhunderts, Tabelle 139, S. 569–70.

40 Die Nominallöhne sind aufgrund der Daten von Baermann (vgl. oben, Tabelle 1, S. 50) für 1897 auf 16 und für 1907 auf 23 Mark pro Woche geschätzt; auch sie werden mit dem Hoffmann'schen Preisindex für gewerbliches Inventar „bereinigt". Die anderen Zahlen sind Unterlagen der Firma Haver & Boecker entnommen worden.

41 Vgl. Kap. IV 3, S. 98ff.

zeitverlängerung, die in dieser Zeit wahrscheinlich „negativ", d.h. als Arbeitszeitverkürzung, wirksam war, oder aufgrund sonstiger Veränderungen erklären[42]. Auch ein Vergleich mit der mutmaßlichen Lohnentwicklung in diesem Zeitraum zeigt eine beachtliche Kosteneinsparung: die reale Lohnsteigerung betrug nur ca. 4 %, wohingegen ein Produktivitätsanstieg von ca. 44 %[43] zu beobachten war.

Die Aussagekraft dieser Schätzung ist freilich begrenzt. Weder für die interne Kostenkalkulation eines Unternehmens, noch für die gesamtgesellschaftliche Beurteilung des technischen Fortschrittes im Produktionsprozeß kommt es allein auf die Arbeitsproduktivität und die Arbeitskosten an. Steigerungen bei den Material- und Kapitalkosten können Arbeitskostenersparnisse zunichte machen. Für die Vorkriegszeit müßte also auch diese Möglichkeit überprüft werden, denn die Mechanisierung der Drahtweberei erforderte einen beachtlich höheren Kapitaleinsatz und stimulierte zugleich einen größeren Materialverbrauch. Eine Möglichkeit zur Berückichtigung dieser zusätzlichen Kostenfaktoren besteht darin, das Wachstum der beiden Inputs „Kapital" und „Material" zu schätzen. Wenn man davon ausgeht, daß die Leistung dieser Produktionsfaktoren im Zeitraum 1897 bis 1929 so angestiegen ist, wie der in den Bilanzen von Haver & Boecker angeführte Bilanzposten „Maschinen" (Kapital) und „Vorräte" (Material), und man diesen mit Preisindices bereinigt, wie in der Tabelle 3 geschehen, und man schließlich die Gewichtung auf Grund der für das Jahr 1929–32 verfügbaren Kostendaten ebenso vornimmt, dann ergibt sich folgendes Bild:

Tabelle 3: Zuwachsraten des Outputs sowie der Produktionsfaktoren Arbeit, Kapital und Material (nebst deren Gewichte und Preise), Haver & Boecker, 1897–1907

	Zuwachsrate	Gewicht	Preisveränderungen in %
Output	73	100	.
Arbeit	20	27	+ 44
Gewicht			
Kapital	54	25	+ 34a)
Material	50	48	–24b)
Inputs*	44	100	8,8

* gewogener Durchschnitt
a) Zuwachsrate des Geldmarktzines und des Maschinenindexes (Hoffmann u.a.) /2.
b) geschätzte Eisendrahtpreise

Nach den Zahlen der Tabelle 3 kommt man zu dem Ergebnis, daß die Material- und Kapitalinputs zwar schneller zunahmen als der Produktionsfaktor Arbeit, diese aber nicht in einem solchen Ausmaß, daß sie die Arbeitskostenersparnisse gänzlich „verschlungen" haben könnten. Die beiden Inputs Kapital und Material sind auch langsamer als der Output gewachsen, so daß dieses Ergebnis die These über einen arbeitssparenden technischen Fortschritt als allgemeines Kennzeichen der Entwicklung der Vorkriegsperiode bestätigt. Leider ist eine Alternativschätzung auf der Basis von Preisdaten nicht möglich, weil entsprechende Angaben für Drahtgewebe im Jahre 1897 fehlen.

42 Überhaupt soll an dieser Stelle auf Fragen der Arbeitskostenersparnisse bei der Mechanisierung der Drahtweberei hingewiesen werden. Sie sind nur bei Artikeln mit Massenabsatz denkbar und auch bei diesen durch Stillstandszeiten begrenzt. Darauf wird zurückzukommen sein.

43 Errechnet aus der Veränderung des Verhältnisses Jahreslohn pro Arbeiter pro Jahresoutput pro Arbeiter.

Absatz und Marktentwicklung

Obwohl gerade für die Entwicklung des Metallgewerbes die technischen Kenntnisse und die Fertigkeiten der Arbeitskräfte insbesondere seit dem Beginn des 19. Jahrhunderts eine hervorragende Rolle gespielt haben, darf man auch hier die Absatz- oder Marktseite der Produktion nicht außer acht lassen. Unternehmenshistorisch sind Produktion und Absatz immer als eine Einheit zu betrachten. Dieser Satz gilt generell, er gilt aber in besonderer Weise für die Geschichte des westfälischen Metallgewerbes. Interessanterweise fanden sich bereits im späten 18. und frühen 19. Jahrhundert die größten Betriebe und größten Vermögen innerhalb dieses Gewerbes in den Händen der Kaufleute und Verleger oder handelstreibender „Reidemeister". In diesem Zusammenhang erwähnenswert ist auch die Konzentration des Handelsreichtums in und um Iserlohn, weil gerade hier die Verbindung zwischen dem Handel und dem unternehmerischen Erfolg im Metallgewerbe besonders augenfällig war und auch die Drahtverarbeitung hieraus in besonderem Maße Impulse erhalten hat[44]. Zur Mitte des 19. Jahrhunderts galt Iserlohn deshalb zu Recht als das dynamische Zentrum des Metallgewerbes im märkischen Sauerland, in dem der unternehmerische Erfolg vor allem durch die Verbindung hoher Arbeitsqualität mit kaufmännischem Geschick zu erklären war[45]. D.h. in dieser Gegend haben aufstrebende Unternehmer die Verbindung zwischen Handel und Produktion als Vorbild angesehen und darauf ihren Erfolg begründet.

Man kann natürlich über den Stellenwert einer solchen Tradition auch für das unternehmerische Handeln im Drahtverarbeitungsgewerbe nur mutmaßen. Für Carl Haver jedenfalls dürften in dieser Hinsicht die negativen Erfahrungen mit der Mode- und Manufakturwarenhandlung seiner Familie in Schwerte in den 1880er Jahren in unmittelbarer Weise bedeutsamer gewesen sein. Für ihn legte Absatzmangel einen Branchenwechsel nahe, sicherlich eine Erfahrung, die zur Schärfung des „Marketing-Bewußtseins" des Unternehmers Carl Haver beigetragen haben wird[46].

Leider ist über die Absatzverhältnisse zur Zeit der Gründung der Firma Haver & Boecker (1887) zu wenig bekannt, als daß man die Marktnische genau identifizieren könnte, welche die junge Firma zu füllen beabsichtigte. Wir wissen, daß Carl Haver in den ersten Jahren nach der Gründung der Firma häufig auf Geschäftsreisen war bzw. auf Auftragssuche ins östliche Deutschland ging[47]. Wir wissen auch, daß der erste – fehlgeschlagene – Versuch der Firma 1890–91, das mechanische Drahtweben einzuführen, zumindest z.T. als Antwort auf die rasch gestiegene Nachfrage des Steinkohlenbergbaus nach Drahtsieben für Separations- und Wäscheeinrichtungen verstanden werden kann[48]. Und schließlich deuten die Quellen zu dieser Zeit auf eine wachsende Bedeutung der Industrie Steine und Erden, insbesondere der Zementindustrie, als Absatzmarkt für Siebe. Ein Hinweis auf die Bedeutung der Nachfrage gerade aus diesem Geschäftszweig kann darin gesehen werden, daß die Firma Haver & Boecker 10 Jahre nach ihrer Gründung ihren Standort nach Oelde verlegte, um u.a. auch besser von

44 Gisela Lange, Das ländliche Gewerbe in der Grafschaft Marl am Vorabend der Industrialisierung (Schriften zur rheinisch-westfälischen Wirtschaftsgeschichte, Bd. 29). Köln 1976; auch K.H. Kaufhold, Metallgewerbe, S. 30–31, 48–49, 59. Iserlohn lag in dem Gebiet, in dem vor allem Feindraht hergestellt wurde.

45 Jacobi, S. 90–93, 354–68. Auf Seite 360 erwähnt Jacobi den Fabrikanten Fr. Boecker, der in Limburg Kratzendraht und die Drahtweberei „wiederankurbelt".

46 Vgl. weiter oben Kap. II 2, S. 37.

47 Vgl. weiter oben Kap. II 2, S. 39f.

48 Die Ruhrzechen sollen erhebliche Investitionen in dieser Richtung in den 1880er Jahren getätigt haben. Z.B. August Heinrichsbauer, Harpener Bergbau AG 1856–1936. 80 Jahre Ruhrkohlenbergbau, Essen 1936, S. 76, zitiert einen Bericht des Unternehmens für das Jahr 1885. Toni Pierenkemper, Die westfälischen Schwerindustriellen. Soziale Struktur und unternehmerischer Erfolg, Göttingen 1979, S. 110ff.

dem wachsenden Bedarf der expandierenden Beckumer Zementindustrie profitieren zu können. Natürlich hatte diese Standortentscheidung auch andere Gründe, worauf weiter unten zurückzukommen ist[49].

Erst für die Zeit nach der Verlegung des Unternehmens nach Oelde gibt es erste Hinweise auf die Absatzstruktur der Drahtgewebeindustrie. Aus einigen Preiskatalogen der Firma Haver & Boecker für die Jahre seit 1902 läßt sich ein Bild von der Breite des Produktionsangebots machen, auch wenn keine genaue Gewichtung möglich ist. Es fällt auf, wie heterogen das Angebot war: (1902 und 1906) über 100 verschiedene Artikel werden angeführt, nicht wenige für den landwirtschaftlichen Bedarf, einige für den Haushalt, wahrscheinlich die meisten für die Industrie. Interessanterweise scheint die Bergbauindustrie inzwischen ein „alter Kunde" geworden zu sein, da von „langjähriger Tradition" der Benutzung ihrer Siebprodukte gesprochen wird. Obwohl die Kataloge eine weite Produktpalette anzeigen, scheint es sich hier doch um ein noch nicht sehr hoch spezialisiertes Unternehmen zu handeln.

Zu dieser Zeit wurden in allen Richtungen Absatzaktivitäten entwickelt. Verkauft wurde im Inland indirekt an den Eisenwaren- und Industriebedarfshandel (an den die Kataloge verschickt wurden), aber auch direkt an die industrielle Kundschaft. Die oben bereits erwähnten zahlreichen Geschäftsreisen von Carl Haver wurden nach dessen Tode auch von seinen Söhnen Walther und Erich fortgesetzt. Die Reisen dienten offenbar hauptsächlich dem Absatz sowie der Erkundung und Bearbeitung neuer Märkte[50]. Schon zu dieser Zeit spielte das Exportgeschäft in der Drahtgewebeindustrie eine große Rolle. In Hohenlimburg waren die Überseeverbindungen des damaligen „Marktführers" C.M. Pieper bekannt, der bereits nach Holland, Afrika, Indien und China lieferte[51]. Es wird auch berichtet, daß die Firma Haver & Boecker über die Hälfte ihrer Produktion in Übersee absetzte[52]. Sie hat diesen Exporthandel vermutlich hauptsächlich über Hamburger, Bremer oder Londoner Exporteure abwickeln lassen, es wird jedoch auch von dem Verkauf im Ausland über einige Vertretungen berichtet, z.B. in Philadelphia, USA[53]. Möglicherweise haben auch andere deutsche Unternehmen ebenso wie Haver & Boecker bereits vor dem Krieg eigene Marketing-Reisen ins Ausland unternommen, aber Belege dafür fehlen.

Für den Zeitraum zwischen 1890 und 1914 wird von einem sehr harten Konkurrenzkampf auf dem Drahtgewebemarkt berichtet. Für die Hohenlimburger Firmen scheint vor allem die Konkurrenz der Thüringischen Drahtwebereien besonders drückend gewesen zu sein. Die schon mehrfach erwähnte Verlegung von Haver & Boecker nach Oelde wird u.a. auch damit begründet, daß in Oelde – im Gegensatz zu Hohenlimburg – ein ebenso niedriges Lohnniveau wie in Thüringen „zur Verfügung" stand[54]; Konkurrenz über den Preis stellte in jedem Fall eine Antwort auf diese Herausforderung dar. Gleichzeitig waren Firmen wie Haver & Boecker jedoch auch auf der Suche nach anderen Möglichkeiten zur Behauptung gegenüber der Konkurrenz, so z.B. in der Spezialisierung auf Artikel, für die sie einen komparativen Kostenvorteil besaßen oder bald besitzen würden. Es fällt jedenfalls auf, daß die Entscheidung der Firma im Jahre 1910, die Drahtflechterei aufzugeben und im nächsten Jahr die Herstellung von Drahtsackverschlüssen für den Bedarf der Zementindustrie aufzunehmen,

49 Vermutlich ist diese Entscheidung „überdeterminiert", weil so viele Faktoren im Nachhinein für sie sprechen.

50 Vgl. „Erich Haver", *in:* HB Kurier II/1980.

51 750 Jahre Hohenlimburg, S. 178.

52 Vgl. HB Preisliste von 1937, wo u.a. Indien als Abnehmer von Sieben erwähnt wird.

53 In Philadelphia handelte es sich um die Haver Wire Co., unter Leitung von Adolf Haver, dem Bruder von Fritz und Erich Haver, die als Verkaufsbüro von Haver & Boecker auch Produkte anderer deutscher Drahtwebereien vertrieb. Carl Haver, ein weiterer Bruder, verkaufte als freier Handelsvertreter in Daressalam/Ostafrika u.a. auch Produkte von Haver & Boecker.

54 Vgl. weiter oben Kap. III 2, S. 43ff.

Zeitpunkt an zeigte sich trotz erhöhter Investitionen keine Verschlechterung des Verhältnisses Eigen- und Fremdkapital mehr. Nach wie vor arbeitete zwar Fremdkapital, das aus Quellen der Familie mobilisiert wurde, im Unternehmen mit, dies war aber kein Zeichen der Schwäche. Vielmehr hatte nun die Firmenleitung ein wachsames Auge auf die Finanzlage des Unternehmens; Gründe zur Beunruhigung gab es nicht mehr[66]. Am Vorabend des 1. Weltkrieges stand die Firma gegnüber ihrer Ausgangsposition im Jahre 1887 oder auch im Jahre 1897 gut da. Mit einem Anlagevermögen von rund 135.000 Mark zählte sie gewiß nicht zu den größten Unternehmen der Metallverarbeitungsbranche; aber sie gehörte doch schon zur oberen Hälfte[67]. Verglichen mit den Ergebnissen der Betriebszählung von 1907 mußte die Firma sogar – an der Zahl der Beschäftigten gemessen – zum obersten Siebtel gerechnet werden[68]. Unter den westfälischen Betrieben der Sparte „Nadlerwaren und Drahtwarenfabriken" ist sie nach denselben Kriterien im oberen Drittel einzuordnen, auch wenn sie noch nicht zur Spitze der 5 % größten Betriebe zu zählen war.

66 Die bessere Überwachung der Finanzlage kommt u.a. auch zum Ausdruck in der für das Jahr 1897 vorgenommenen Bewertung der auf den Webstühlen befindlichen Drahtgewebe. Jeder Webstuhl wurde unter Bennung der Weber aufgeführt. Bilanzbuch 1897.

67 Vgl. Fränkel, Die Gesellschaft mit beschränkter Haftung. Eine volkswirtschaftliche Studie, Tübingen 1915, S. 82/83.

68 Statistik des Deutschen Reiches, Bd. 215, „Gewerbliche Betriebsstatistik vom 12.6.1907", S. 135.

IV. DIE GESCHICHTE DER DRAHTWEBEREI UND DER FIRMA HAVER & BOECKER IN KRIEGS- UND ZWISCHENKRIEGSZEIT

1. Unternehmensorganisation und Geschäftsleitung

Bis zum Ersten Weltkrieg hatte sich die Firma Haver & Boecker in Oelde ruhig und stetig, wenn auch nicht gerade grandios entwickelt.

Während des Krieges wurden die Verhältnisse, wie in der ganzen deutschen Wirtschaft, schwieriger; es mangelte an vielem. Die Arbeitskräfte wurden zum Kriegsdienst eingezogen, Rohstoffe wurden kanpp. Auch Walther Haver wurde bei Kriegsausbruch eingezogen und fiel bald darauf am 30. Dezember 1914 bei Craonne in Frankreich. Sein Bruder Erich wurde 1914 Geschäftsführer und steuerte die Firma durch die Wirren des Krieges. Fritz Haver war bis Kriegsausbruch in England, er arbeitete bis zu seiner Einberufung Ende 1914 einige Monate in der Fabrik und trat 1919 in die Firma ein. 1925 wurde er, neben seinem Bruder Erich, Geschäftsführer.

Über den Zustand des Unternehmens am Ende des 1. Weltkrieges gibt Fritz Haver in einem Brief an seinen Bruder Adolf, der in den USA während des Krieges interniert war, Auskunft. Darin heißt es u.a.:

> „In der Ferne wird sich alles viel schlimmer ansehen, wie man es hier in der Heimat empfindet. Wir sind trotz der harten Friedensbedingungen doch noch voll Hoffnung, es wird wieder gearbeitet, hier in Oelde haben wir von Streiks und sonstigen Unruhen noch nichts gemerkt. Unsere Leute sind sehr vernünftig und machen solch grossen Blödsinn, wie er ja in großen Städten vorgekommen ist, nicht mit. Wir haben sehr flott zu tun in der Fabrik und stehen uns sehr gut. Durch den jahrelangen Krieg ist ein derartiger Warenhunger eingetreten, daß man seine Ware reissend los wird. Die deutschen Drahtwebereien haben sich zu einem grossen Verband zusammengeschlossen, so daß man jetzt auch gegen Schleudereien, wie sie vor dem Kriege ja vorkamen, so einigermassen geschützt ist.“ [1]

Über seine eigenen vor ihm liegenden Aufgaben im Unternehmen und die Zukunftsaussichten der Firma berichtet Fritz Haver im gleichen Schreiben:

> „Aber jetzt ist's auch ganz nett. Ich fühle mich sehr wohl hier in der Fabrik, man hat ein reiches Feld der Betätigung. Wo vier Jahre doch sozusagen nur für den Staat gearbeitet worden ist, muss man wieder mit aller Kraft darangehen, die alten Beziehungen wieder anzuknüpfen. Anfragen aus allen Ländern liegen wieder vor. Aegypten ist auch schon wieder da, Bestellungen sind freilich noch nicht wieder angelaufen. Von dort hatten wir auch schon einige Aufträge von einer kleinen Weberei auf feine Bronzegewebe No. 160 und 200.
>
> Wir sind alle froher Hoffnung, so leicht ist der Deutsche noch nicht unterzukriegen. In Hamburg, wo ich vor einigen Wochen war, wird wieder kollossal gearbeitet. Die Exporteure sind wieder im vollen Gange, den Export zu heben. Es wird auch wohl bald wieder klappen. . .

1 Brief von Fritz Haver an seinen Bruder Adolf im Internierungslager in den USA, vom 31. Dezember 1919.

Hier in der Fabrik haben wir uns sehr vergrössert, wir haben ein schönes Stück angebaut und die alte Bude vorne ganz umgebaut, die obere Etage ist ganz Kontor. Du wirst staunen, wenn Du das siehst."[2]

Geschäftsleitung

Die beiden Brüder Erich und Fritz widmeten sich nun gemeinsam dem Ausbau der Firma, die Anfang der 1920er Jahre mit 88 Mitarbeitern schon bald die Millionengrenze im Umsatz anstrebte.

Erich Haver[3] wurde am 25. Juni 1880 als dritter Sohn und fünftes Kind der Familie Carl Haver in Schwerte geboren. Mit sieben Jahren siedelte er mit der Familie nach Hohenlimburg um, wo sein Vater die Firma Carl Haver & Ed. Boecker mitbegründet hatte. Dort wuchs er, geprägt durch die christliche Tradition seines Elternhauses, auf und genoß eine gründliche Schulausbildung in Hohenlimburg und Hagen. Nach seiner Schulausbildung trat er in die väterliche Firma ein, die 1897 nach Oelde verlegt wurde. Im Rahmen seiner fachlichen Weiterbildung absolvierte er 1897/98 ein lehrreiches Jahr in der Eisenwarenhandlung Kröll in Gießen, wo er Heinrich Lenz kennenlernte, der mit ihm gemeinsam nach Oelde kam und der dort für über 50 Jahre sein treuester Mitarbeiter wurde. 1903/04 diente Erich Haver als einjährig Freiwilliger im Infanterie-Regiment Nr. 15 in Minden. 1905 übernahm er nach dem plötzlichen Tod seines Vaters zusammen mit seinem Bruder Walther die Geschäftsleitung der Firma und erhielt 1910 Prokura.

Am 14. November 1912 heiratete Erich Haver Clara Jungkenn, die am 13. August 1890 als Tochter des Weingutbesitzers Jakob Jungkenn und seiner Frau Käthi, geb. Weigand, in Oppenheim am Rhein geboren wurde, und begründete damit eine 44 Jahre währende glückliche Ehe, aus der sechs Kinder hervorgingen.

Erich Haver zeigte schon früh auch literarische Neigungen. Er widmete sich in diesem Sinne auch der Familiengeschichte, war Redakteur und Herausgeber der Familienzeitschrift „Die Sippe", schrieb Gedichte und entwickelte vielfältige kulturelle Aktivitä-

Abbildung 15: Erich Haver (1880–1956)

Abbildung 16: Erich Haver 1937 in seinem Büro

2 Ebd.

3 Vgl. ausführlich Ulrich Gehre, Erich Haver – Mensch und Werk. Zum 100. Geburtstag am 25. Juni 1980, *in:* HB-Kurier, II 1980, S. 3–12.

ten, u.a. gehörte er zusammen mit dem Bruder Walther zu den Gründern des Musik-Vereins Oelde (29. Dez. 1906) und wurde als Nachfolger seines gefallenen Bruders, 1919 zum Vorsitzenden des gemischten Chores gewählt, ein Amt, das er bis zur Auflösung des Vereins 1933 inne hatte. Von 1915 bis 1953 gehörte Erich Haver auch dem Gesamtpresbyterium der evangelischen Kirchengemeinde Oelde, Neubeckum und Ennigerloh an.

1936 erlitt Erich Haver während einer Ansprache auf der Betriebsversammlung einen Schlaganfall, von dem er sich zwar bald wieder erholte, jedoch eine einseitige Bewegungsbehinderung zurückbehielt, die ihn auf die besondere Pflege seiner Ehefrau angewiesen machte. Seine Aufgaben an der Spitze des Unternehmens erfüllte er wie bisher, wenn auch sein Leiden ihn zunehmend behinderte. Am 14. April 1956 starb Erich Haver im Alter von 75 Jahren in Baden-Baden, als er sich dort von den Folgen einer schweren Bronchitis erholen wollte.

Fritz Haver[4] (Friedrich Wilhelm Johannes) wurde am 29. Mai 1894 als jüngstes Kind der Familie Haver in Hohenlimburg geboren. Nach dem Besuch der Ev. Volksschule und der Rektoratschule in Oelde besuchte er das Ev. Stift'sche Gymansium in Gütersloh bis zur Mittleren Reife 1910 und trat dann in die Filiale Neubeckum der Märkischen Bank als Lehrling ein. Anschließend arbeitete er in einem Exportgeschäft in Hamburg, ehe er in einem Londoner Büro tätig wurde, wo er u.a. seine Englischkenntnisse vervollkommnete.

Mit dem Ausbruch des Ersten Weltkrieges kehrte er nach Oelde zurück und wurde Ende 1914 zu den Gardeschützen nach Berlin einberufen. Während seiner Militärzeit wurde Fritz Haver 1917 zum Flugzeugführer ausgebildet und für seinen Einsatz an der Westfront mit dem Eisernen Kreuz 1. Klasse ausgezeichnet.

Aus dieser Zeit berichtet Fritz Haver in einem Schreiben an seinen Bruder Adolf im Jahre 1919:[5]

„Ich habe den Krieg tadellos überstanden. War ja zuerst Garde-Schütz und als solcher in den Vogesen, dem ehemals deutschen Wasgenwalde. Dann kam ich im Sommer 1916 zum Res. Regt. 56 (Wesel) nach Russland. Hier hielten wir die grosse Brussilow-Offensive auf und lagen nachher am Stochod in Stellung. Im Frühjahr 1917 kamen wir wieder nach dem Westen und lagen bei Cambrai. Durch die amerikanische Kriegserklärung wurde unsere Luftflotte sehr vermehrt, und ich meldete mich auch zu den Fliegern. Im schönen Gotha genoß ich eine sehr nette und interessante Ausbildungszeit und kam Frühjahr 1918 wieder an die Front. Erst flog ich ein bißchen im Osten bei Mitau, das heißt dort nur hinter der Front, dann kam ich wieder nach dem Westen in die Gegend von St. Quentin. Ich war Flugzeugführer und Artillerieflieger. Das Leben war sehr nett und vor allen Dingen riesig interessant. Wenn man seinen Flug hinter sich gebracht hatte, flog man immer schön nach Hause tief landeinwärts, wo man vom Kriege nichts mehr merkte. Das war die angenehmste Seite der Fliegerei, man hatte nicht immer den sehr anstrengenden Dienst des Schützengrabenkrieges. Zuletzt kam unsere Abteilung noch nach Verdun. Hier haben wir nicht mehr viel leisten können, es waren die Waffenstillstandsverhandlungen schon im Gange, wir Flieger durften die Front nicht mehr beunruhigen, trotzdem wir von der Infanterie sicher noch sehr oft gewünscht wurden. Als der Frieden „ausbrach", packte man seine sieben Sachen ins Flugzeug und flog dem Rheine zu. Nach 3-$^1/_2$ stündigem Flug landete ich mit meinem Beobachter, einem alten Mitschüler aus Gütersloh, in Darmstadt. Am nächsten Tag gings weiter nach Bam-

4 Vgl. dazu ausführlich Ulrich Gehre, Der Tradition verpflichtet – dem Neuen aufgeschlossen. Unternehmer nach christlichen Prinzipien: Fritz Haver, *in:* HB-Kurier, 1984/III, S. 3–10, und ders., Am sausenden Webstuhl. Porträt eines Unternehmers in unseren Tagen. Zum 75. Geburtstag von Fabrikant Fritz Haver am 29. Mai 1969, o.O., o.J.

5 Brief von Fritz Haver an seinen Bruder Adolf im Internierungslager in den USA, vom 31. Dezember 1919.

berg, wo ich meine Maschine abgab. Der Traum war aus. Man schmiss sich wieder in Zivil und wurde wieder lächerlicher Kaufmann. Im grossen und ganzen war die Kriegszeit sehr nett, das Unangenehme vergißt man so leicht. Man war immer im fröhlichen Kameradenkreis und brauchte sich keine Sorgen zu machen."

Nach Kriegsende (1919) trat Fritz Haver dann in die väterliche Firma ein und widmete sich zusammen mit seinem Bruder Erich deren Ausbau. Er übernahm dabei vor allem den Part des Neuerers, während sein Bruder Erich sich der internen Geschäftsführung und dem Verkauf widmete. Fritz Haver reiste sehr viel, vor allem nach Amerika, von wo aus er wichtige Neuerungen für die Entwicklung der Firma mitbrachte, u.a. die Lizenzen für die Steckschützen-Webstühle (1923), die Packmaschinen (1925) und die Niagara-Schwingsiebe (1930), von denen später noch ausführlich zu berichten sein wird.
Im Jahre 1920 heiratete Fritz Haver Aenne Doermer, die Tochter des Direktors der Niederrheinischen Hütte, Hermann Doermer, aus Duisburg, mit der er bis zu ihrem Tode am 4. Juni 1960 vierzig glückliche Jahre verbrachte und die ihm vier Kinder schenkte. Nach dem Kriege widmete er sich als Kommunalpolitiker auch der Entwicklung seiner Heimatgemeinde. Seit dem 28. Oktober 1952 war er Mitglied der CDU-Fraktion im Kommunalparlament der Stadt Oelde und wurde am 5. September 1961 zum ersten evangelischen Bürgermeister im immer noch stark katholisch geprägten Oelde gewählt, nachdem er in „schwerer Zeit" – gemeint ist die Zeit des Dritten Reiches – als Erster Beigeordneter der Stadt „viel Schlimmes habe verhüten können".[6] Als Bürgermeister hatte er großen Anteil an der Entwicklung Oeldes in den 1960er und 1970er Jahren.
Auch in der Verbandsarbeit war Fritz Haver sehr aktiv[7]. Am 1. Januar 1970 starb Fritz Haver im Alter von 75 Jahren in Oelde.

Die beiden Brüder Erich und Fritz Haver bestimmten, jeder auf seine Weise, die Geschäftspolitik des Unternehmens bis in die fünfziger Jahre[8]. 1937 kam es auch gegenüber den übrigen Gesellschaftern zu einer Klärung der Eigentumsverhältnisse.

Die Witwe des Gründers und Mutter der damaligen Gesellschaftergeneration, Anna Haver, war nach der Inflation offiziell aus der Firma ausgetreten und hatte ihr Vermögen ihren Kindern bzw. deren Erben übertragen. Die Nutznießung verblieb ihr jedoch weiter bis zu ihrem Tode im Jahre 1926. Danach traten Martha Leuchter, Marga Boecker und Carl Haver jun. an ihre Stelle. Zum 31. Dezember 1937 schieden diese als Gesellschafter aus und wurden gemäß eines Gutachtens der Wirtschaftsprüfer Dr. Schumacher & Puschmann abgefunden[9].

6 So auf der Trauerfeier nach seinem Tode in der Danksagung der Stadt Oelde.

7 U.a. war er Vorsitzender der Verbandsversammlung des Sparkassen-Zweckverbandes, Mitglied im Verband Münsterländer Metallindustrieller e.V. und dessen Vorsitzender von 1957 bis 1967, Mitglied im Verband Metallindustrieller-Arbeitgeberverbände NRW e.V., wo er in bedeutender Funktion an den Lohn- und Gehaltsverhandlungen beteiligt war, sowie Mitglied in der Vereinigung der Drahtwebereien e.V., deren Vorsitz er von 1956 bis 1962 innehatte.

8 An einen Eintritt der anderen Brüder in das Unternehmen war offenbar niemals gedacht. Carl Haver jun. berichtet in seinen Lebenserinnerungen ausführlich über sein abwechslungsreiches Lebensschicksal, das ihn Bankbeamter in Landau, Kolonialbeamter in Ostafrika, selbständiger Kaufmann und schließlich evangelischer Pfarrer zunächst in Thüringen und dann in der Bundesrepublik werden ließ, vgl. weiter oben S. 40 FN 55. Der Bruder Adolf ging früh ins Ausland, erlebte den 1. Weltkrieg dort im Internierungslager und sollte wohl auch nicht in die Firma eintreten, denn Fritz Haver schrieb ihm 1919 in die USA unter anderem:

> „Wenn Du zurückkommst, kannst Du, wenn Du Lust dazu hast, Deine Tätigkeit in Hamburg aufnehmen, es ist immer noch ein sehr guter Platz und läßt sich dort großer Umsatz erzielen."

Vgl. Brief von Fritz Haver an seinen Bruder Adolf im Internierungslager in den USA, vom 31. Dezember 1919.

9 Protokoll über die Hauptversammlung der Gesellschafter am 23. Juli 1938 zu Oelde im Geschäftszimmer.

Abbildung 17: Fritz Haver (1894–1970)

Abbildung 18: Fritz Haver 1937 in seinem Büro

Nach dem Ausscheiden der übrigen Gesellschafter waren Erich und Fritz Haver Gesellschafter und Geschäftsführer, Kommanditistin blieb ebenfalls Paula Haver geb. Richter, die Witwe von Walther Haver[10]. Damit waren zugleich die Eigentums- und Geschäftsführungsverhältnisse von Haver & Boecker zum 1. Januar 1938 neu festgelegt und gestrafft worden. Die beiden persönlich haftenden Gesellschafter, Erich und Fritz Haver, nahmen die Wiederkehr des fünfzigsten Gründungsjahres der Firma Haver & Boecker im Jahre 1937 zum Anlaß, am 18. März die Carl-Haver-Stiftung zu gründen. Diese widmeten die Gründung dem Angedenken an ihren Vater und den Gründer der Firma der Unterstützung der unverschuldet in Not geratenen Belegschaftsmitglieder und deren Familien. Über den eigentlichen Gründungszweck gibt die Gründungsurkunde Auskunft. Darin liest man als Absicht:

> „Die freiwillige, einmalige, wiederholte oder laufende Unterstützung von Betriebsangehörigen der Firma Haver & Boecker".[10a]

Das Stiftungskapital betrug 1937 zunächst 25.000 RM, wurde aber bereits wenig später auf 50.000 RM verdoppelt. Die Stiftung war als Verein organisiert, der am 20. Juni 1941 ins Vereinsregister beim Amtsgericht Oelde eingetragen wurde, und in dem auch Vertreter der Belegschaft vertreten waren. Schon seit 1938 wurden jedoch schon Unterstützungszahlungen geleistet.

Die Leistungen der Stiftung bezogen sich zunächst überwiegend auf Baudarlehen an Werksangehörige und später auf Unterstützung im Krankheitsfall und Sonderunterstützung für kinderreiche Belegschaftsfamilien. Später kamen Leistungen für Kriegsbeschädigte und Spätheimkehrer hinzu.

Durch die Währungsreform 1948 war das Vermögen der Carl-Haver-Stiftung nahezu vernichtet worden. Deshalb beschlossen die Inhaber der Firma, die Stiftung neu zu dotieren und führten ihr bis 1964 insgesamt 185.000 DM neu zu. In den ersten dreißig Jahren seit der Währungsreform wurden insgesamt 325.000 DM an Unterstützungen ausgezahlt. Es handelte sich bei diesen Zahlungen in erster Linie um Hilfe bei Sterbefällen, Geburten, Krankenhausaufenthalten und um Sonderzuwendungen in besonderen Einzelfällen.

10 Lediglich die Witwe von Walther Haver verblieb also bis zu ihrem Tode noch als Gesellschafter.
10a Friedhelm Heese, Die Carl-Haver-Stiftung. Hilfe für unsere Mitarbeiter, *in:* HB-Kurier, 1980/III, S. 8.

32 Unternehmen mit 561 Beschäftigten etwa $^4/_5$ der deutschen Moskitogewebe hergestellt. Allerdings hatte man sich dort auf die weiche indische Gaze spezialisiert und überließ Haver & Boecker die Herstellung der harten amerikanischen Gaze[16].

1925/26 wurde dann auch die Herstellung von CEDRA aufgenommen. Dabei handelte es sich um ein Drahtgewebe mit einer Cellonschicht, das als Ersatz für Fensterglas für bestimmte Zwecke, insbesondere für Geflügelställe, verwendet werden konnte. Dieses Erzeugnis hatte gegenüber dem Fensterglas den großen Vorzug, daß es die lebenswichtigen ultravioletten Strahlen der Sonne durchließ. Da es kurz nach dem 1. Weltkrieg zu einem großen Aufschwung der rationellen Geflügelzucht in Deutschland kam, fand dieser Artikel eine günstige Aufnahme am Markt. Außerdem wirkte sich für die Firma Haver & Boecker positiv aus, daß ihr in bezug auf Haltbarkeit und Verwendbarkeit von CEDRA weitere Verbesserungen gelangen, die sie sich durch ein Deutsches Reichspatent und einige Auslandspatente schützen ließ.

Einige Jahre trug dieses Produkt deshalb beachtlich zum Umsatz der Firma bei, verlor aber dann zeitweise wieder an Bedeutung, weil sich in der Geflügelzucht ein Rückschlag bemerkbar machte, bis später dann der Zweite Weltkrieg eine erneute Belebung der Nachfrage auslöste.

Die Geschäftsberichte für 1927, 1928 und 1933 spiegeln diese Entwicklung wider:

> „Der neue Artikel *CEDRA* ist glänzend eingeschlagen . . . Herr Erich Haver führt aus, daß die günstige Entwicklung des Geschäftes in der Hauptsache darauf zurückzuführen ist, daß ganz neuartige Artikel in die Fabrikation aufgenommen worden sind, die z.T. mit dem Wesen der Drahtweberei nichts zu tun haben."[17]

> „CEDRA hat sich ebenfalls glänzend angelassen, nachdem die ersten beiden Monate wegen des starken Frostes sehr still waren. Der Artikel wird von Wiederverkäufern – Eisenhändler, Geflügelzuchtgeschäfte, Futtermittelhändler etc. – immer mehr aufgenommen. Die Preise sinken wegen der einzuräumenden Rabatte natürlicherweise, der hierdurch entgangene Gewinn muß durch Hebung des Absatzes ausgeglichen werden, was bisher möglich war. Herr Dr. Manns – unser Cedrachemiker – weilt augenblicklich auf Grund des Abkommens mit der Acetol Co. in USA und telegrafiert sehr günstig. Man hofft, durch seine Erfahrungen die Herstellungskosten herunterzudrücken und die Qualität zu verbessern."[18]

1933 wurde vermeldet, daß „ . . . Cedra nicht mehr so stark nachgefragt . . . " wird[19]. Bereits 1926 war für CEDRA ebenfalls ein Warenzeichen eingetragen worden[20].

Neben den neuen Produkten wurden natürlich auch in diesen Jahren die traditionellen Drahtgewebe weiter gefertigt. Die technische Entwicklung blieb jedoch auch hier nicht stehen. Es wurde eine eigene Drahtzieherei eingerichtet, 1927 folgte eine Drahtgewebeverzinkerei, und auch die Mechanisierung der Weberei schritt weiter fort.

Aufbau einer Maschinenfabrik

Ein entscheidender Schritt für die Entwicklung der Firma Haver & Boecker stellte die Angliederung einer Maschinenfabrik im Jahre 1925 dar[21]. Bereits seit 1911 waren von der Firma in Oelde Drahtsack-Verschlüsse gefertigt worden, die in der heimischen Zementindustrie guten

16 Hans Baermann, Die Drahtgewebeindustrie, S. 57–73.
17 Bericht über die Gesellschafterversammlung am 2. Juni 1928.
18 Generalversammlung am 27. April 1929.
19 Gesellschafter-Versammlung H & B am 11.3.1934.
20 Werner Volpert, Wesen und Erwerb, S. 9.
21 Vgl. dazu: Als Draht-Sackverschlüsse aus der Mode kamen. Vor 50 Jahren nahm Haver & Boecker die Maschinenproduktion auf, *in:* HB-Kurier, 1975/I, S. 5.

Absatz fanden. In dieser Phase kam es zu einem bedeutsamen Ereignis, über das die Festschrift zum 50jährigen Bestehen der Firma wie folgt berichtet:[22]

> Ein amerikanischer Käufer von Drahtsack-Verschlüssen, die wir seit Jahren diesem in größeren Mengen lieferten, fragte wegen einer geeigneten Maschinenfabrik für eine von ihm gebaute Spezialmaschine bei uns an. Aus den Unterlagen ging hervor, daß durch diese neue Maschine den Drahtsack-Verschlüssen der Garaus gemacht werden sollte, da sie dazu diente, Zement und andere Güter in sogenannte Ventilsäcke abzufüllen, die keinen nachträglichen Verschluß mehr benötigten. Diese Entwicklung voraussehend entschloß sich daher die Geschäftsführung, selbst den Bau und Vertrieb dieser neuen Maschine zu übernehmen.

Aus dieser frühen Zeit berichtet Alfred Bruder, ein langjähriger und maßgeblicher Mitarbeiter der Firma Haver & Boecker, der 1939 in Amerika u.a. die Aufgabe hatte, die in Oelde an den Packmaschinen durchgeführten Funktionsverbesserungen ebenfalls beim Lizenzgeber Bushman einzuführen.[23]

> Das Unternehmen Bushman senior hatte in den zwanziger Jahren einige Packerkolonnen, die im Staat Pennsylvanien in den verschiedenen Zementwerken fast den gesamten anfallenden Zement in offene Baumwollsäcke verpackten. Zum Verschließen der Säcke benutzte man die von uns gelieferten Ösendrähte.
> Die offenen Baumwollsäcke wurden mehrmals benutzt. Sie mußten also gereinigt und geflickt werden. Auch diese Arbeit erledigte die Firma Bushman senior . . .
> Die Firma Bates – später St. Regis – erfand den Ventilsack. Mit dieser Erfindung begann eine vollkommen neue Aera im gesamten Verpackungswesen. Es ist begreiflich, daß dadurch auch die Verpackung in offene Säcke immer mehr zurückging und die Firma Bushman senior sich nach neuen Wegen in der Beschaffung von Arbeit umsehen mußte. Somit reifte der Entschluß, selbst eine Ventilsack-Packmaschine in veränderter, vor allem verbesserter Form zu bauen. Mr. Bushman sen. tat sich mit einigen Männern zusammen, von denen ich die Namen Vögele und Stohr noch in Erinnerung habe, und gründete die „Modern Valve Bag Company" in Allentown, Pennsylvania.
> Nach anfänglichen Schwierigkeiten schien die Sache gut anzulaufen. Weil schon eine rege Geschäftsverbindung mit dem Hause Haver bestand, kam schließlich von der Modern Valve Bag Company das Angebot, die Maschinen in Lizenz zu bauen und auf dem europäischen Markt zu vertreiben. Besonders zu erwähnen ist, daß die Firma Bates – St. Regis bereits etwa 70 Maschinen in Europa verkauft hatte. Diese wurden bei den Vereinigten Oberschlesischen Hüttenwerken hergestellt und durch sie vertrieben. Fritz Haver erkannte die große Chance und willigte ein.

Die Firma Haver & Boecker hatte zu dieser Zeit für die Drahtweberei in amerikanischer Lizenz die ersten Steckschützen-Webstühle in eigener Regie gebaut. Meister Josef Plenge war mit seinen Reparaturschlossern also durchaus in der Lage, selbständig Maschinen herzustellen. Aufgrund dieser guten Erfahrungen entschloß sich die Geschäftsleitung, mit Robert P. Bushman einen Lizenzvertrag zur Fertigung von Packmaschinen abzuschließen und eine Maschinenfabrik zu gründen[24].

Über den Ausbau der Schlosserei zu einer Maschinenfabrik geben auch die Geschäftsberichte Auskunft:

> „Der Maschinenbau im eigenen Betrieb hat die Erwartungen voll befriedigt, und denkt man daran, diese Abteilung als Dauereinrichtung aufrecht zu erhalten, falls die finanziellen Verhältnisse es gestatten. Für den Maschinenbau sind nur drei Leute eingestellt

22 50 Jahre Carl Haver & Ed. Boecker.
23 Alfred Bruder, Historisches über Packmaschinen. Ein Bericht über Vorkriegserlebnisse in Amerika, *in:* HB-Kurier, 1975/I, S. 6.
24 90 Jahre Drahtweberei Haver & Boecker, *in:* HB-Kurier 1977/II, S. 5.

worden, wogegen die übrigen Schlosser jetzt voll ausgenutzt werden, während vorher dies nicht möglich war."[25]

„Der Ausbau der Schlosserei zu einer Maschinenfabrik ging weiter voran. Nachdem der Bau der amerikanischen Webstühle beendet war, wurde uns der Vertrieb einer amerikanischen Zementfüllmaschine angeboten, den wir auch übernahmen: Die Maschinen bauen und vertreiben wir ganz selbständig auf Grund eines Lizenzvertrages . . . "[26]

Die erste Maschine kam noch aus den USA, wurde in Oelde weiterentwickelt und dann im Zementwerk Friedrichshorst (heute Dyckerhoff, Werk Mark) und anschließend im Zementwerk Finkenberg in Ennigerloh aufgestellt. Damit begann der Siegeszug der Haver-Packmaschinen in alle Welt.

Die Durchsetzung und Verbreitung des neuen Produktes am Markt erfolgte jedoch nicht ganz reibungslos. Die erste von Haver & Boecker selbst hergestellte Packmaschine war schnell verkauft, leider an den Wicking-Konzern, der unter Umgehung der Patente bald mit einer ähnlichen Konstruktion auf den Markt kam. Nach zögerlichen Anfängen setzten sich die inzwischen verbesserten Modelle der Firma Haver & Boecker dann aber vollends durch. Immer mehr Unternehmen, zumeist Zement-, Kalk- und Kaliwerke, rüsteten ihre Packereien mit Maschinen der Firma Haver & Boecker aus.

Abbildung 20: Die erste Haver-Packmaschine, 1925 angefertigt

In den folgenden Jahren entwickelten sich die Packmaschinen zum wichtigsten Produkt der Firma Haver & Boecker. 1929 hatten die Sackpackmaschinen den „Löwenanteil an dem gestiegenen Geschäftsverdienst"[27]. Nach dem „Rekordjahr" 1929 konnte sich auch in den

25 Bericht über die Gesellschafterversammlung der Firma Carl Haver & Ed. Boecker, Oelde, am 9. April 1924.

26 Bericht über die ordentliche Hauptversammlung am 10. Mai 1926 der Firma Carl Haver & Ed. Boecker.

27 Generalversammlung am 26. April 1930.

Abbildung 21: Alfred Bruder (links) mit den amerikanischen Mitarbeitern des technischen Büros, Milwaukee 1939

folgenden Jahren der Absatz gut behaupten. 1930 wurden 15 Packmaschinen und 1931 sogar 40 Stück abgesetzt[28].

Ende der 1930er Jahre waren diese Maschinen so weiterentwickelt worden, daß sogar Lizenzen an den ursprünglichen Lizenzgeber Bushman in dieUSA vergeben werden konnten. Großen Anteil an dieser Entwicklung hatte der spätere Leiter der Versuchsabteilung, Alfred Bruder (geb. 8.12.1905), der bis zum 27.6.1983, also auf den Tag genau 56 Jahre bei Haver & Boecker tätig blieb.

Im Laufe der folgenden Jahre entwickelte sich die Maschinenfabrik neben der weiterhin gut ausgelasteten Drahtweberei zum zweiten Standbein des Unternehmens. Wesentlichen Anteil an dieser Entwicklung hatte die Ausweitung des Arbeitsfeldes der Maschinenfabrik durch die Aufnahme der Produktion einer neuen Maschine, nämlich der NIAGARA-Schwingsiebe im Jahre 1930.

Seit einer Reihe von Jahren hatten sich in den USA in verschiedenen Fabrikationszweigen Siebmaschinen bewährt, die insbesondere bei der Erz- und Kohleaufbereitung sowie im Bereich der Steine- und Erden-Industrie Verwendung fanden. Als Siebböden benutzte man dabei Drahtgewebe, womit die Produktion solcher Maschinen in der Maschinenfabrik von Haver & Boecker zugleich auch neue Absatzmöglichkeiten für die Drahtweberei eröffnete.

Auf einer USA-Reise im Jahre 1928 machte sich Fritz Haver mit dieser neuen Entwicklung vertraut. Er besuchte den Marktführer W.S. Tyler Company in Cleveland/Ohio und knüpfte mit dieser Firma Verhandlungen über Lizenzmöglichkeiten zur Herstellung von Siebmaschinen an. 1929 machten die Verantwortlichen der Firma Tyler einen Gegenbesuch in Deutschland, kamen aber zu keinem Abschluß. Während sich die Verhandlungen weiter hinzogen, hatte sich Fritz Haver auch bei anderen Siebmaschinenherstellern umgesehen und ein alternatives Produkt bei Mr. Wm. (Bill) Wettlaufer von der Firma NIAGARA Counter-Flow Screens in Buffalo gefunden.

28 Vgl. Generalversammlung am 30. März 1931 und Generalversammlung am 28. Mai 1932

Fritz Haver berichtet über seine Eindrücke im Jahre 1928:[29]

„ . . . ging ich noch zu einer zweiten Firma, die mir von dem Sand- und Kiesverband als bester Hersteller von Siebmaschinen empfohlen wurde. Diese Maschine arbeitet bedeutend einfacher, und ich befinde mich in einem kritischen Stadium, mich für ‚NIAGARA', so heißt diese Maschine, oder für ‚HUMMER' von Tyler zu entscheiden . . . "

Die Verhandlungen mit Tyler kamen zu keinem Abschluß. Bei einem erneuten USA-Besuch von Fritz Haver im Jahre 1930 stießen dessen Vorschläge sowohl bei Tyler in Cleveland als auch bei Wettlaufer in Buffalo auf taube Ohren. Hartnäckig verfolgte Fritz Haver jedoch sein Ziel, scheute auch nicht eine Reise an den Urlaubsort von Wettlaufer nach North-Carolina, obwohl ihm die Aussichtslosigkeit dieser Reise eindeutig zu verstehen gegeben worden war. Schließlich schaffte er es aber doch, eine Lizenz zur Herstellung der NIAGARA-Schwingsiebe zu erhalten.

Über diese Aktivitäten gibt auch der Geschäftsbericht für 1928 Auskunft:

„Herr F.H. war im Herbst 1928 wieder in Amerika, um die Lizenzfrage Packmaschine zu besprechen und sich nach neuen Artikeln umzusehen. Hierbei fielen ihm besonders Siebmaschinenanlagen ins Auge, die drüben ein großer Artikel zu sein scheinen, während solche in Deutschland unbekannt sind. Diese arbeiten alle mit Drahtgeweben, einem Artikel, der hier durch den Fortschritt der Technik fast völlig verdrängt ist. Als beste Maschinengattung wurde ihm der „Hummer" von W.S. Tyler in Cleveland empfohlen. Dies ist die bedeutendste und grösste Konkurrenz der Welt. Die Verbindung wurde sofort aufgenommen, und man ist zu einer Zusammenarbeit bereit. Die Herren von Tyler werden im Mai 1929 hier erwartet. Wenn diese Verbindung erfolgreich wird, kann zunächst die Maschinenbauabteilung besser ausgenutzt werden, hauptsächlich werden aber dem Artikel Drahtgewebe wieder neue, bzw. in den letzten 10 Jahren versiegte Absatzquellen erschlossen."[30]

Die erste Maschine wurde daraufhin noch am 24.11.1930 an die Duisburger Kupferhütte ausgeliefert, die zweite ging kurz darauf an die Rheinisch-Westfälischen Kalkwerke im Hönnetal. Bis 1935 waren bereits 500 Maschinen, 1939 fast 1.500 im Einsatz. Sie dienten vor allem der Klassierung von Kohle und Koks sowie von Erzen, Steine und Erden. Die Expansion der Chemie und der im Zuge der Motorisierung forciert betriebene Straßenbau erschlossen den Siebmaschinen neue Anwendungsbereiche. Der erste Vorabscheider (Abb. 22) wurde 1930 bei den Rheinisch-Westfälischen Kalkwerken im Hönnetal eingesetzt.

1930 äußert sich die Geschäftsleitung über die Absatzchancen des neuen Produktes noch sehr zurückhaltend:

„Der neu aufgenommene Fabrikationsartikel:
Vibrationsmaschinen mit Nia-Stahldrahtgeweben & Gittern, dürfte einen bleibenden, vorwärtstreibenden Einfluß auf den gesamten Altbetrieb ausüben."[31]

Doch schon im gleichen Jahr konnten trotz des großen Konjunktureinbruchs bereits 17 Siebmaschinen abgesetzt werden, und bereits 1933 hatte sich das Produkt am Markt voll durchgesetzt. Die Geschäftsleitung berichtet, daß NIAGARA-Schwingsiebe

„ . . . ganz besonders durch das Autostraßenbau-Programm unserer Regierung eine ganz erfreuliche Aufwärts-Entwicklung genommen . . . "[32]

29 Heinz Renk, 50 Jahre NIAGARA-Schwingsiebe. Rückblick auf eine wichtige Entwicklung in der Firmengeschichte, *in:* HB-Kurier, 1980/I, S. 3–5, hier S. 3, und Norbert Nahrmann, 9000 „NIAGARA-Schwingsiebe in 45 Jahren geliefert, *in:* HB-Kurier, 1976/I.

30 Generalversammlung am 27. April 1929.

31 Generalversammlung am 26. April 1930.

32 Gesellschafter-Versammlung H & B am 11.3.1934.

Abbildung 22: Niagara-Schwingsieb (1930)

Ein sehr positiver Nebeneffekt dieser Entwicklung war, daß durch den erhöhten Absatz der Siebmaschinen auch die Drahtweberei, die ja die notwendigen Siebe lieferte, besser ausgelastet wurde. Die ständige Ausweitung des Produktionsprogramms und die beachtliche Umsatzsteigerung in den 1920er und 1930er Jahren führte dazu, daß das Stammwerk der Firma Haver & Boecker im Zentrum der Stadt Oelde bald zu eng wurde. Da es im Stammwerk selbst nur wenig Ausdehnungsmöglichkeiten gab, sah sich die Geschäftsleitung nach einem Gebäude für ein Zweigwerk um. Ganz in der Nähe, in Ahmenhorst, wurde man schließlich fündig und errichtete dort 1937 ein zweites Werk.

In der Hauptversammlung 1938 wird berichtet:

> „Im vergangenen Jahre, das das 50ste Jubiläumsjahr war, wurde ein Zweigwerk im Westen der Stadt durch Ankauf eines alten Fabrikgebäudes errichtet. Hierin wurde die Zieherei untergebracht, ausserdem soll es für eine elektrische Drahtgewebeschweissmaschine, die in Verbindung mit der Westf. Union, Hamm, gebaut wurde, Raum geben. Im Altwerk wurde der bisher von der Zieherei benutzte Raum erneuert und für eine neuaufzubauende Feindrahtweberei freigemacht. Hierfür wurden ganz moderne Webstühle im eigenen Betrieb entworfen, durchprobiert und gebaut."[33]

33 Protokoll der Hauptversammlung der Gesellschafter am 23. Juli 1938 in Oelde im Geschäftszimmer.

Verbandsbildung

Die ersten Versuche zur Einrichtung eines Absatzkartells in der Drahtgewebeindustrie waren wenig erfolgreich gewesen. 1919 wurde daraufhin der „Reichsverband Deutscher Drahtwebereien" in Leipzig gegründet. Ziel dieser Neugründung war vor allen Dingen eine Normierung und Typisierung der Produkte der Drahtgewebeindustrie, weniger die Schaffung eines Preiskartells. Bei den vielen unterschiedlichen Zollmaßen einigte man sich 1919 für die groben und mittleren Sorten bis zur Nr. 100 auf den rheinischen Zoll von 26 mm und für feinere Gewebe über Nr. 100 auf den französischen Zoll von 27 mm. Fernerhin wurden alle Drahtgewebe nach ihrer Nummer in zehn Qualitäten, die sich nach dem Drahtdurchmesser richteten, festgelegt. Für den Export in die angelsächsischen Länder wurden die Drahtgewebe nach dem englischen Zoll von 25,4 mm gewebt und mit „Mesh" statt „Nummer" bezeichnet.

Im Herbst 1920 fand die erste internationale Sitzung der europäischen Drahtgewebe-Fabrikanten in Baden-Baden statt. Von dieser Sitzung ist ein Bild erhalten.

Abbildung 23: Erste internationale Sitzung der Drahtgewebe-Fabrikanten, Baden-Baden 1920

obere Reihe:
1.
2. Schwenn – Metallweberei Brünn
3. Ulrich – Ulricus Drahtweberei, Waltershausen Thüringen
4. Douglas Wenham – Association Sekretär

mittlere Reihe:
1. Dolmetscher
2. Michel – Michel Fils, Mulhouse
3. Heinze – Fa. Heinze & Keil, Saalfeld Thüringen
4. Gilchrist – Messrs. Geo. Christic Ltd., Glasgow

5. Unger – Fa. Carl Heinze & Co., Saalfeld Thüringen
6. Teichmann – Fa. Paschold Doeger & Co., Saalfeld Thüringen
7. Vogelsang – C.M. Pieper & Comp., Hohenlimburg

untere Reihe:
1. Moeller – Reichsverband deutscher Drahtwebereien, Frankfurt
2. Erich Haver – Fa. Haver & Boecker, Oelde Westfalen
3. James Locker – Messrs. Thos. Locker & Co., Warrington
4. Schlossmacher – Deutscher & Internationaler Metalltuchverband, Frankfurt
5. MacCormack – Patent Process Co. (United Wire Works, Edinburgh)
6. A.B. Soar – Messrs. F.W. Potter & Co. (F.W. Potter & Soar, London)

Die „Deutsche Außenhandelsstelle, Abt. Drahtgewebe", in Berlin legte die Mindestpreise für die Ausfuhr fest, während die Inlandpreise frei blieben.

1929 wurde die „Wirtschaftliche Vereinigung Deutscher Drahtwebereien" gegründet. Diese Gründung richtete sich gegen den Reichsverband, der eine Exportpreisbindung unterstützte, während zahlreiche Drahtwebereien angesichts der Absatzkrise eine Freigabe der Exportpreise forderten, um gegen die ausländische Konkurrenz bestehen zu können.

Bereits 1926 war der „Wirtschaftsverband Deutscher Metallwebereien" in Frankfurt/M. als Zentralverband gegründet worden, in den nun auch der Reichsverband und die Wirtschaftliche Vereinigung gemeinsam aufgenommen werden konnten, weil der Zankapfel der Außenhandelskontrolle weggefallen war.[34]

Ziele des neuen Verbandes waren die Information der Mitglieder, Verhandlungen mit den Behörden und die Wahrnehmung der Interessen gegenüber den gesetzgebenden Körperschaften. Preisvereinbarungen wurden von den Verbandszielen ausdrücklich ausgeschlossen.

Nach dem Zweiten Weltkrieg hatten sich europäische Drahtwebereien 1947 international im B.I.T.O.M. (Boreau d'Information pour les Toiles Metalliques) zusammengeschlossen. Im April 1947 waren erste Kontakte in Paris geknüpft worden, um das stagnierende Exportgeschäft wieder in Gang zu bringen. 1948 wurden auch von deutscher Seite Bemühungen unternommen, um Anschluß an die internationale Vereinigung zu gewinnen. An diesen Bestrebungen war auch Fritz Haver beteiligt, der ja aus der Vorkriegszeit über ausgezeichnete internationale Kontakte verfügte. Der „Vereinigung der Drahtwebereien e.V." in Düsseldorf gelang es 1949 schließlich, die Aufnahme der deutschen Drahtwebereien in die internationale Dachorganisation zu erreichen. 1956–58 war Fritz Haver Präsident des B.I.T.O.M.[35]

Von einer der ersten Sitzungen des B.I.T.O.M. im April 1949 existiert ebenfalls eine Aufnahme. Leider wurden die deutschen Vertreter, nämlich Heinrich Bongert, Direktor der Firma Neuwalzwerk AG Bösperde, Fritz Haver, Haver & Boecker, Oelde und Heinrich Neuhaus, Geschäftsführer der Vereinigung der Drahtwebereien, Düsseldorf, an der Grenze aufgehalten und konnten an der Sitzung nicht teilnehmen.

2. *Arbeitsverhältnisse und Arbeiterschaft*

Der Erste Weltkrieg stellte für die wirtschaftliche Entwicklung in Deutschland zweifellos einen gravierenden Bruch dar. Mit dem Jahre 1913 endete die mehr als ein halbes Jahrhundert andauernde Expansionsphase der deutschen Wirtschaft, und es begann ein halbes Jahrhundert politisch-ökonomischer Krisen und Katastrophen. Diese schlugen sich natürlich auch

34 Vgl. dazu Hans Baermann, Die Drahtgewebeindustrie, S. 52f.
35 Vgl. dazu Ulrich Gehre, Am sausenden Webstuhl, S. 35f.

Auch die Einkommensverhältnisse der Mitarbeiter verbesserten sich weiter. Die Wochenlöhne in der Drahtweberei hatten sich 1925 gegenüber der Vorkriegszeit nominell nahezu verdoppelt und stiegen danach auch weiter an. Ein deutlicher Einbruch erfolgte in der Weltwirtschaftskrise, als der Wochenlohn um etwa zwei Fünftel sank. Auch der Aufschwung der dreißiger Jahre erhöhte die Wochenlöhne nicht mehr auf das Niveau der späten zwanziger Jahre, und im Zweiten Weltkrieg sanken die Wochenlöhne sogar wieder bis auf die Höhe, die sie in der Weltwirtschaftskrise erreicht hatten.

Eine grobe Schätzung der Lohnentwicklung der Zwischenkriegszeit vermittelt die folgende Tabelle 5:

Tabelle 5: Entwicklung der Wochenlöhne in der Drahtweberei Haver & Boecker 1925–1946 (in RM)

Jahr	Wochenlohn*	
1925		44[a)]
1928		48[b)]
1929	53[c)]	1,27[d)]
1932		31[e)]
1937		41[f)]
1943	32[g)]	37[h)]
1944	34[g)]	39[h)]
1945	32[g)]	37[h)]
1946	30[g)]	37[h)]

* Effektivlohn ohne Überstunden, d.h. bei konstanter Wochenstundenzahl. Die Daten beruhen auf Mitteilungen der Firma Haver & Boecker.

a) Baermann, Drahtgewebeindustrie, S. 49
b) (1927 und 1929/2)/50
c) (1929 Lohnsumme/Beschäftigte)/50
d) Lohnsumme/Betriebsstunden (Weberei) = Stundenlohn
e) 1929 Lohn x ((Lohnsumme/Betriebsstunden 1932) / (Lohnsumme/Betriebsstunden 1929))
f) Effektivstundenlohn x 55
g) nur Arbeiterlohn
h) Arbeiter und Angestellteneinkommen (Geschäftsbericht, Haver & Boecker, 1946)

Die westfälische Kleineisenindustrie kam aus der Inflation ohne große Belastung heraus, besaß aber auch nichts, um notwendige Rohstoffe aus dem Ausland zu beziehen. Die Lager waren in der Inflation völlig geleert worden, und die Auslandskredite an den zumeist kleineren Unternehmen vorbeigegangen[39].

Am Ende der Inflationsperiode vermeldet der Geschäftsbericht für 1923, daß die Belegschaft voll arbeiten konnte, obwohl in einigen Bereichen (Massengewebe, Sackverschlüsse) das Geschäft schlecht, z.T. sogar „vollständig tot" war[40]. Allerdings bestand inflationsbedingt eine hohe Unsicherheit über die zukünftige Entwicklung, denn eine Kostenkalkulation und rationale Preisstellung war bei den täglich enorm steigenden Preisen nicht möglich. Im Bericht lautet es weiter:

> „Gefühlsmäßig ist heute zu sagen, daß die Preise noch sehr schlecht sind und einen Gewinn nicht erbringen."

39 Peter Borscheid, Vom Ersten zum Zweiten Weltkrieg, S. 375.
40 Bericht über die Gesellschafterversammlung der Firma Carl Haver & Ed. Boecker, Oelde, am 9. April 1924.

Trotzdem enthielten die Planungen für die Zukunft expansionistische Elemente. Zwölf neue amerikanische Drahtwebstühle befanden sich bereits im Bau, um damit das Produktionsprogramm durch die Herstellung von Fliegengaze ausbauen und die Beschäftigung langfristig zu sichern. Zwei Jahre später, 1925, wird die Beschäftigung dann auch als durchgehend gut bezeichnet. Kurzarbeit wurde nicht gemacht und

> „Entlassungen kamen auch nur dort vor, wo noch überzählige Kräfte aus der Inflationszeit vorhanden waren und entbehrt werden konnten."

Allerdings konnten auch Einschränkungen bei der Produktion nicht ganz vermieden werden, denn die

> „. . . Abteilung Drahtzieherei wurde zum Teil stillgesetzt, da sich der Betrieb nicht mehr lohnte. Mehrere schwere Ziehmaschinen wurden an die Hauptlieferanten unserer Firma, Westf. Drahtwerke in Langendreer, verkauft. Der Erlös dafür war sehr gut . . ."[41].

Die Auslastung der Kapazitäten und damit die Beschäftigung blieb auch in den folgenden Jahren gut. Allerdings mußten bei den Preisen Zugeständnisse gemacht werden, so daß diese als „. . . auf der ganzen Linie stark gedrückt . . ."[42] bezeichnet wurden. Es heißt im Bericht für 1927 weiter:

> „Herr Erich Haver führt aus, daß die günstige Entwicklung des Geschäftes in der Hauptsache darauf zurückzuführen ist, daß ganz neuartige Artikel in die Fabrikation aufgenommen worden sind, die z.T. mit dem Wesen der Drahtweberei nichts zu tun haben. Dies wirkt sich auch für den alten Stamm des Unternehmens, die Drahtweberei, günstig aus. Durch die Herstellung der Packmaschinen sind Werkzeugmaschinen angeschafft worden, die es wieder ermöglichen, Reparaturen und Webstuhlbau rationeller zu gestalten. Durch die Cedraherstellung fanden auch eine Reihe alter deutscher Webstühle lohnende Beschäftigung, für die sonst keine Aufträge vorhanden gewesen seien."

Diese insgesamt positive Einschätzung begann sich im folgenden Jahr zu modifizieren, denn die Beschäftigung entwickelte sich in den Teilbereichen des Unternehmens unterschiedlich. Vor allem die Drahtweberei

> „. . . hat unter einem furchtbaren Konkurrenzkampfe zu leiden, so daß es nur durch Aufbietung aller Kräfte und dauernde Preisnachlässe möglich war, die Produktion in voller Höhe aufrechtzuerhalten . . . Die Produktionskosten werden dauernd überwacht, und man hofft, sie weiter ermäßigen zu können, um auch hier wieder mit normalen Gewinnen arbeiten zu können."[43]

Diese Hoffnung bestätigte sich entgegen der gesamtwirtschaftlichen Entwicklung auch im folgenden Jahr, so wie der Geschäftsbericht vermeldet:

> „Das abgelaufene Geschäftsjahr kann mit Fug und Recht als ein Rekordjahr bezeichnet werden, welche Feststellung um so erfreulicher ist, als das Jahr 1929 sonst allgemein als ein Jahr konjunkturellen Tiefstandes bezeichnet werden muß, als ein Katastrophenjahr schlimmster Art. Es ist uns auch 1929 gelungen, den Betrieb, wenn auch unter Schwierigkeiten und Opfern, voll aufrechtzuerhalten. Entlassungen und Betriebseinschränkungen größeren Ausmaßes konnten vermieden werden."[44]

41 Alle Zitate aus dem „Bericht über die ordentliche Hauptversammlung am 10. Mai 1926 der Firma Carl Haver & Ed. Boecker".

42 Bericht über die Gesellschafterversammlung am 2. Juni 1928.

43 Generalversammlung am 27. April 1929. In den 20er Jahren kauften große Konzerne zudem leistungsfähige Unternehmen der verarbeitenden Industrie auf und fielen damit als Nachfrager aus. Vgl. dazu Peter Borscheid, Vom Ersten zum Zweiten Weltkrieg, S. 376.

44 Generalversammlung am 26. April 1930.

Doch die allgemeine wirtschaftliche Entwicklung, der Niedergang der deutschen Wirtschaft in der Depression der frühen dreißiger Jahre holte auch die Firma Haver & Boecker ein. Die Verarbeiter in der Eisenindustrie gerieten von zwei Seiten in die Zange. Die Rohstoffe mußten von den Rohstoffkartellen bezogen werden, die in der Lage waren, steigende Preise trotz sinkender Nachfrage durchzusetzen. Andererseits mußten ihre Produkte auf stagnierenden bzw. schrumpfenden Märkten mit fallenden Preisen abgesetzt werden. Die Rentabilität geriet dabei unter starken Druck.[45]

Der Geschäftsbericht für das Jahr 1930 vermeldet einen Beschäftigungseinbruch von 22,5 %[46]. Deshalb klingt die Lagebeurteilung nun auch ein wenig anders als ein Jahr zuvor:

> „Wenn im vorigjährigen Geschäftsbericht das Jahr 1929 für unsere Firma als ein Rekordjahr bezeichnet wurde, so hat das letzte Geschäftsjahr die Richtigkeit dieser voraussagenden Behauptung belegt. Wenn im gleichen Bericht das Jahr 1929 im allgemeinen als ein Jahr konjunkturellen Tiefstandes bezeichnet wurde, so war das allerdings reichlich optimistisch prophezeit.
> Das Wirtschaftsjahr 1929 muß im Verhältnis zum Wirtschaftsjahr 1930 geradezu als ein Jahr der Hochkonjunktur bezeichnet werden. Ob das abgelaufene Jahr 1930 das schwärzeste Jahr für unser Vaterland bleibt . . . soll und kann nicht so ohne weiteres behauptet werden. Vorläufig ist es mit den Silberstreifen am Horizont nicht so weit her, sofern man damit nicht auf den Kurssturz des Silbers anspielen will.“

Der Beschäftigungseinbruch traf vor allem die Drahtweberei, und hier besonders die Altweberei (minus 38,6 %). Weniger betroffen waren dagegen die USA-Weberei (minus 8 %), die Fliegengaze herstellte, sowie die Maschinenfabrik (minus 10,5 %). Über den Zustand auf dem für die Altweberei relevanten Markt heißt es im Geschäftsbericht für 1930 folgendermaßen:

> „Zu einem Gesundungsprozeß ist es immer noch nicht gekommen, im Gegenteil: Kampf auf der ganzen Linie bis zum Weißbluten. Die Preise gingen und gehen weiter zurück. Es machten weitere Webereien pleite . . . , aber zum endgültigen Stillstand kam m.W. keine. Der Name wird geändert, im übrigen weiter geschleudert . . . oder die betr. Webstühle von anderen Webereien übernommen. Das Verhältnis von Produktion und Bedarf hat sich weiter verschlechtert. Als Ehrensache betrachtet es unsere Firma, ihre seit bald 50 Jahren (1937) ! ! bestehende Drahtweberei, heute eine der führenden nicht nur in Deutschland, sondern in Europa – in der ganzen Welt . . . nicht vor die Hunde gehen zu lassen, sondern alle physischen und moralischen Kräfte dafür einzusetzen, daß dieser immer noch unser Haupt-Erzeugungszweig hindurchgebracht wird durch alle Fährnisse und wirtschaftlichen Nöte und Schwierigkeiten . . .
> Solange der Gesamtbetrieb dazu noch in der Lage ist, die Unkosten aufbringt und einen – wenn vielleicht auch nur bescheidenen – Gewinn abwirft, solange soll und wird auch dieser Teil unseres Betriebes gehalten und erhalten, nicht nur aus Tradition und aus sozialen Gründen, sondern auch aus der bestimmten Überzeugung heraus, daß auch in der Drahtweberei die wirklich Tüchtigen und Energischen oben bleiben, und über kurz oder lang eine Gesundung kommen wird und muß. Drahtgewebe werden auch in 50 und 100 Jahren noch gebraucht und erzeugt werden . . . Gebe Gott, daß dann auch Haver & Boecker in Oelde in Westf. noch unter den Erzeugern sich befindet! ! ! . . .“

Die Zukunftschancen wurden also alles andere als optimitisch eingeschätzt, eine Auffassung, die sich in den nächsten Jahren dann leider bestätigte. Für 1931 werden ganz beachtliche Verluste gemeldet

45 Peter Borscheid, Vom Ersten zum Zweiten Weltkrieg, S. 377.

46 Generalversammlung am 30. März 1931. Darin angeführt 1929: 333.661,25 Betriebsstunden, 1930: 260.839,75 insgesamt für das Unternehmen.

> „. . . trotz aller Vorsichtsmaßregeln und auch in dieser Beziehung tadellosen, geordneten Buchführung. Das war im wesentlichen die große Pleite des Gevelsberger Schwindelverbandes des Herrn Lippold, wo wir allein
>
> ca. RM 8.500,–
>
> verloren und wenig gerettet werden durfte, dann viele andere Konkurse und Vergleiche – – tagtäglich etwas davon bei der Post! – – und dann der große Verlust durch den Pfundsturz, der sich im verminderten Reinverdienst zeigt. Alles in allem also ohne die Kursverluste an die
>
> RM 40.000,–“[47].

Die schlechte Geschäftslage hielt auch 1932 weiter an. Insbesondere die Drahtweberei war davon wiederum betroffen. 1931 waren in der Feinweberei nur 3 bis 4 Stühle in Betrieb, auf denen einige Drahtgewebe für den Export in die USA hergestellt worden waren. Auch 1932 gab es dort nur einige „Füllorders“ für die USA in der insgesamt katastrophalen Lage. Man begann nun

> „. . . alles zu versuchen, um auf Grund dieser sehr billigen Preise unsere früheren Kunden zurückzugewinnen, um dadurch wenigstens wieder einen Teil der Unkosten zu verdienen“[48].

Diese Lage spiegelte sich auch im Geschäftsbericht für das Jahr 1932, in dem unter der Überschrift „Trübe Aussichten!“ u.a. folgendes berichtet wird:

> „. . . Die Kurven für Beschäftigung pp. gingen weiterhin nach unten, diejenigen für die Gesamtunkosten gingen nicht im gleichen Verhältnis nach unten mit, wodurch auch die Geschäfts-Gewinnspanne entsprechend geringer wurde. Der Konkurrenzkampf nahm auch in 1932 noch schärfere Formen an, der allerdings im ersten Vierteljahr dieses Jahres nicht geringer, sondern beinahe noch schlimmer wurde. *Es geht einfach allgemein um Sein oder Nichtsein, ein Kampf auf Leben und Tod. Das geht allmählich an Mark und Nerven.*
>
> Zu den wirtschaftlichen Schwierigkeiten dann noch die innen- u. außenpolitischen . . ., die bisher die Vertrauenskrise noch nicht überwinden ließen. Der Papenkurs im November 1932 brachte allgemeine Belebung, eine gewisse Besserung, die mit der darauffolgenden Entwicklung wieder einen Rückschlag erlitt“.[49]

Die Geschäftsleitung führt hier als Ursachen für die schlechte Geschäftslage auch politische Faktoren an. Damit hatte sie zweifellos recht, denn die große Krise der dreißiger Jahre war längst zu einem Phänomen erwachsen, das durch einzelwirtschaftliche Maßnahmen nicht mehr zu beherrschen war und das politische Lösungen erforderlich machte[50]. Mit der „. . . darauffolgenden Entwicklung . . . “, die zu einem Rückschlag führte, ist im Bericht über das Geschäftsjahr 1932 offenbar die Machtübernahme durch die Nationalsozialisten im Januar 1933 gemeint, die gegenüber der Papen-Regierung ökonomisch noch negativ bewertet wurde. Trotzdem zeigte sich in der westfälischen Kleineisenindustrie ab September 1932 eine allmähliche Besserung[51].

Im Jahre 1933 zeigte sich auch bei Haver & Boecker eine allmähliche Besserung der Beschäftigungssituation aufgrund der „Maßnahmen der Hitler-Regierung“[52]. Der Bericht über das Geschäftsjahr 1933 klingt wesentlich optimistischer als ein Jahr zuvor. Dort heißt es u.a.[53]:

47 Generalversammlung am 28. Mai 1932.
48 Jahresbericht des Prokuristen Lenz für 1932.
49 Generalversammlung am 21. Mai 1933.
50 Zur aktuellen Diskussion über das Scheitern der Weimarer Republik, vgl. Richard Tilly, Bemerkungen zur Kontroverse über die Wirtschaftspolitik der Weimarer Republik, *in:* Hansjoachim Henning u.a. (Hg.), Wirtschafts- und sozialgeschichtliche Forschungen und Probleme. Festschrift für Karl Erich Born, St. Katharinen 1987, S. 347–374.
51 Peter Borscheid, Vom Ersten zum Zweiten Weltkrieg, S. 377.
52 Jahresbericht des Prokuristen Lenz für 1933 vom 4.3.1934.
53 Gesellschafter-Versammlung H & B am 11.3.1934.

„Im Gegensatz zu unserer Gesellschafter-Sitzung am 28.5.32, wo die Prognose für 1933 lautete: Trübe Aussichten, durfte ich am 21.5.33 bei unserer letzten Gesellschafter-Versammlung sagen: Die Aussichten für das erste Halbjahr 1933 sind nicht schlecht, wenn das zweite Halbjahr nicht eine wesentliche Verschlechterung bringt, dürfte für 1933 mit einem besseren Jahresabschluß als 1932 zu rechnen sein. Das ist nun Gott sei Dank fast über Erwarten gut eingetreten. Mit dem Frühling 1933 setzte eine ganz erhebliche wirtschaftliche Besserung ein, und die Zahl der Beschäftigten nahm in erfreulichem Maße zu. Das bezieht sich mehr oder weniger auf alle Abteilungen. Wir konnten in unserem Betrieb diese Aufstellung mit Umsatzkurve mit der Überschrift „es geht vorwärts“ machen. Sie sehen daran, daß in den letzten 3 Monaten die Kurve der Beschäftigung derart nach oben ging, daß wir einen Aufbau auf der statistischen Zeichnung vornehmen mußten.“

Auch über die Ursachen der Besserung der ökonomischen Verhältnisse äußert sich der Geschäftsbericht:

„Ich sagte im vorigen Jahre, daß der Hauptgrund der Abwärts-Entwicklung die latente Vertrauenskrise sei. Die ganze Politik der Zwischenregierung hatte es bewirkt, daß das deutsche Volk allmählich einem hoffnungslosen Fatalismus anheimfiel, einer vollkommenen Mutlosigkeit. . . Es war das Furchtbarste in der Zeit der „Zwischenregierung“, daß Treu und Glauben gingen und Betrüger, Schieber und Halunken führend waren. Man war so weit gekommen, daß allmählich der einzelne Geschäftsmann in Deutschland Angst bekam, das Vergleichs-Verfahren-Rennen nicht mehr mitmachen zu können. Das ist Gott sei Dank anders geworden, und wollen und können wir diese Wendung der Dinge nur von ganzem Herzen begrüßen, uns restlos darüber freuen, auch wenn mal kleine Dinge geschehen, die einem nicht ganz in den Kram passen und die man nicht für richtig hält.“

Die positive Einschätzung der „Wendung der Dinge“ durch die Geschäftsleitung ist wohl nur durch die schweren Erfahrungen der vorausgehenden Wirtschaftskrise zu erklären, denn schon 1933 werden „kleine Dinge“ moniert, die „man nicht für richtig hält“. In den folgenden Jahren enthalten sich alle Berichte jeglichen Kommentars zu den politischen Verhältnissen. Es wäre auch sehr erstaunlich gewesen, wenn die Unternehmensleiter mit ihrer starken christlichen Bindung zu Aktivisten des herrschenden Regimes geworden wären.

Ab 1934 verbesserte sich die Beschäftigungslage der Firma Haver & Boecker grundlegend. Schon 1934 läßt sich berichten, daß die „Beschäftigung erfreulich gestiegen“[54] ist. Die 1936 eingeführten Rohstoff- und Devisenkontrollen führten zu einer Umorientierung der nationalsozialistischen Wirtschaftspolitik auf Autarkie als Ziel hin. Die Exportchancen der deutschen Wirtschaft wurden dadurch stark beeinträchtigt. Gleiches gilt für die später folgende Bevorzugung der Rüstungsindustrien im Rahmen der Aufrüstung[55]. Beide Maßnahmen trafen in hohem Maße die Drahtgewebeindustrie und auch die Firma Haver & Boecker, die einen Großteil der Produktion im Ausland absetzte.

Die positive Geschäftsentwicklung bei Haver & Boecker hielt auch trotz der Umorientierung auf die Inlandsproduktion in den folgenden Jahren weiter an und führte zu einer vollen Auslastung der Drahtweberei. 1938 zeigten sich jedoch bereits erste Engpässe. Im März mußte in der Drahtweberei wegen Materialmangels kurz gearbeitet werden, und im Sommer ergaben sich dort Produktionsverspätungen, weil Arbeiter für den Festungsbau im Westen abgezogen wurden[56].

54 Bericht über die jährliche Hauptversammlung, stattgefunden am 27. April 1935, 17 Uhr, in den Geschäftsräumen in Oelde.

55 Peter Borscheid, Vom Ersten zum Zweiten Weltkrieg, S. 378 und 394, und zur Umorientierung der deutschen Außenwirtschaftspolitik genauer vgl. Willi A. Boelcke, Die deutsche Wirtschaft 1930–1945. Interna des Reichswirtschaftsministeriums, Düsseldorf 1983, S. 104–113.

56 Jahresbericht des Prokuristen Lenz für 1938.

Mit diesen Schwierigkeiten mußte die Firma Haver & Boecker in der Folgezeit leben. 1939 führten Kontingentierungen des Rohmaterials zur Ausdehnung der Lieferzeiten, obwohl die Lagerbestände mitverarbeitet wurden. Der Kriegsausbruch hatte einen Einbuch der Beschäftigung zur Folge, weil die Aufträge der Privatwirtschaft sanken und deshalb Kurzarbeit nötig wurde. Auch führten Einberufungen zur Einschränkung der Produktion. Das Unternehmen mußte sich auf Kriegsproduktion umstellen und, da durch den Kriegsausbruch die ausgedehnten Exportbeziehungen gänzlich zerrissen wurden, war eine Ausweitung des Inlandsgeschäftes unausweichlich. Hier erwies sich nun das altbekannte Cedra-Rollglas als außerordentlich erfolgreich, denn dieses eignete sich ganz ausgezeichnet als Ersatz von Fensterglas nach Fliegerangriffen[57].

Diese Entwicklung hielt während des gesamten Krieges an. Cedraglas wurde zum Hauptprodukt des Unternehmens. Daneben hatte die Wehrmacht ebenfalls einen großen Bedarf an Fliegengaze. Zu Problemen kam es jedoch bei der Rohstoffbeschaffung, denn Draht blieb Mangelware, und auch Facharbeiter konnten nur mit Mühe durch die Begründung mit Wehrmachtsaufträgen vor der Einberufung bewahrt bleiben.

In den Jahresberichten des Prokuristen Lenz spiegelt sich die Entwicklung folgendermaßen wider:

1941: „Mit der längeren Kriegsdauer muß der ganze Betrieb immer mehr den Bedürfnissen und Anforderungen der drei Wehrmachtsteile angepaßt werden. Die Belieferung von Handel und Industrie wird infolgedessen aber immer schwieriger."[58]

1942: „Unsere eigene Produktion in Fliegengaze ist im Berichtsjahr ganz bedeutend zurückgegangen, weil wir auf Grund der Anordnung 64/42 v. 16.9.1942 eine ganze Anzahl Webstühle von Fliegengaze auf „Cedragewebe" umstellen mußten. Nach dieser Anordnung 64/42 darf Cedraglas in Zukunft nur noch an die Wehrmacht direkt geliefert werden und in den luftgefährdeten Gebieten nur noch als Notverglasung bei Fliegerschäden Verwendung finden. Die Verteilung wird von den Landeswirtschaftsämtern über den ansässigen Glas- und Eisenhandel durchgeführt."[59]

1943: „Die Herstellung von Fliegengaze mußte weiter eingeschränkt werden . . . , weil ab Mai 43 der Bedarf an Cedraglas gewaltig angestiegen ist . . . ".[60]

Arbeitsbedingungen

Die Arbeitsbedingungen in der Drahtweberei und in der Maschinenfabrik der Firma Haver & Boecker während der Zwischenkriegszeit wurden naturgemäß geprägt durch die Krisen, die die deutsche Wirtschaft in diesem Zeitraum zu durchlaufen hatte.

Zunächst erfolgte eine Ausdehnung des Unternehmens im Zuge der Inflationskonjunktur durch eine kräftige Vermehrung der Belegschaft in diesen Jahren. Für die Arbeiter stellte die Inflationsperiode 1921–1923 einen Zeitraum dar, in dem zwar viel Arbeit da war, die Entlohnung aber zunehmend problematisch wurde und zuletzt im Chaos endete.

Karl Thon, der spätere Meister in der Fliegengaze-Weberei[61], berichtet aus dieser Zeit:

„ . . . aber zu der Zeit, da war das ja auch schon irre . . . zuletzt, in den letzten drei, vier Monaten . . . , da ging es ja rasend schnell mit der Inflation, da wurde kein Geld mehr ausgezahlt, da konnte man nichts mit machen, da gab es Deputatware, auswech-

57 Vgl. dazu Jahresbericht des Prokuristen Lenz für 1939 vom 24.4.1940 und für 1940 sowie der Jahresbericht Thomas für 1939 wie auch der Bericht über die Gesellschafterversammlung am 2. Nov. 1940.
58 Jahresbericht 1941, März 1942.
59 Jahresbericht 1942.
60 Jahresbericht 1943.
61 Karl Thon wird erwähnt in: 90 Jahre, S. 4, mit Bild auf S. 5, *in:* HB-Kurier 1977/II.

seln mit den anderen, Auswechselware, gegenseitig mit den einzelnen Firmen, wo man geschäftlich mit zu tun hatte. Da kriegte man einen Bottich mit Heringen plötzlich von Bremen . . . , oder man kriegte 25 Pfund Roggen oder Weizen, Körner, nicht Mehl, . . . Geld nicht, Geld war so verrückt . . . "[62]

In dieser Zeit rapide steigender Preise kam es zu Lohnauseinandersetzungen in der Metallindustrie, von denen auch Haver & Boecker nicht ganz verschont blieb. Im März 1922 war es in Oelde zu einem Streik in der Metallindustrie gekommen, weil die dortigen Arbeiter mit einem Schlichtungsbeschluß zwischen dem Verband Münsterländischer Metallindustrieller und den Gewerkschaften der Oelder Metallarbeiter nicht einverstanden waren. Ihnen erschien eine Erhöhung des Stundenlohnes um 2,20 Mark als nicht ausreichend zum Ausgleich der derzeitigen Teuerungsverhältnisse. Der Streikbeginn wurde auf den 13. März 1922 festgelegt[63], die Arbeit bei Haver & Boecker aber bereits am 23. März wieder aufgenommen[64].

Erst mit der Stabilisierung der Währung Ende 1923 entstanden wieder kalkulierbare geldwirtschaftliche Verhältnisse. Der Lohn war jedoch relativ niedrig und betrug für Drahtweber 32 Pfennige pro Stunde. Wegen der geringen Entlohnung kam es dann 1924 bei Haver & Boecker zu dem zweiten größeren Streik in der hunderjährigen Firmengeschichte. Der Streik dauerte etwa drei Wochen und beruhte auf einer Lohnforderung von 44 Pfennigen pro Stunde, während die Geschäftsleitung nur bereit war, den Lohnsatz auf 40 Pfennige pro Stunde zu erhöhen. Von diesem Arbeitskampf berichtet ein Arbeiter aus der Drahtweberei:

„ . . . da ist ein Streik gewesen, da war ein Angebot, das war 40 Pfennige, und die Forderung war 44 Pfennige . . ., und wie der Streik zu Ende war, da war das neue Lohnabkommen 54 Pfennige ab 1. Mai (1925) . . . , um 44 Pfennige haben wir gestreikt, und nachher dann 54 gekriegt, dann vom 1. Mai an erst . . . "[65]

Auch Hermann Jasper erinnert sich:

„ . . . wir Lehrjungen durften ja nicht mitmachen, der Streik dauerte ein paar Wochen . . . , dann wurde nicht mehr gestreikt, nie mehr . . . "[66]

Dieser Erfolg beruhte auf einem überregionalen Tarifvertrag, den der Christliche Metallarbeiter-Verband und der Deutsche Metallarbeiter-Verband für die Drahtgewebeindustrie abgeschlossen hatten. Überhaupt war der christliche Metallarbeiter-Verband bei der Arbeiterschaft von Haver & Boecker stark vertreten. Bernhard Mersmann, der als Schlosserlehrling bei Haver & Boecker begonnen hatte, dann später zum Meister des Fuhrparks avancierte[67] und selbst zeitweise als Kassierer für die Christliche Gewerkschaft tätig war, berichtet darüber:

„ . . . damals gab es die christliche Gewerkschaft . . . , da waren etliche drin . . . , wir waren bei Haver & Boecker ziemlich vertreten, und da waren einige, die haben da sehr drum geworben. . . . Da wurde man auch schon dann gleich aufgenommen, da waren bei Haver & Boecker, die waren da sehr dran interessiert, das waren damals Dreher, Franz Wiemann, das weiß ich wohl . . . "[68]

Ähnlich berichtet Hermann Jasper:

„ . . . wir waren alle in der Gewerkschaft im Betrieb, bei den Angestellten war das was anderes . . . "[69]

62 Auskunft von Karl Thon (geb. 1908) vom 24.7.1986.
63 Die Glocke vom 13. März 1922.
64 Notiz von Heinrich Lenz auf einem Flugblatt des Verbandes Münsterländischer Metallindustrieller.
65 Auskunft von Wilhelm Strake (geb. 1904) am 24.7.1986.
66 Auskunft von Hermann Jasper (geb. 1908) am 31.7.1986.
67 Eine Würdigung mit Bild von Bernhard Mersmann findet sich, *in:* HB-Kurier 1977/II, S. 11.
68 Auskunft von Bernhard Mersmann (geb. 1915) vom 24.7.1986.
69 Auskunft von Hermann Jasper (geb. 1908) am 31.7.1986.

Allerdings war diese Arbeitervertetung nur bis 1933 möglich. Danach wurden alle Mitglieder in die Deutsche Arbeitsfront übernommen. Eine NS-Betriebsorganisation wurde auch bei Haver & Boecker eingerichtet[70].

Die Einkommen stiegen dann in den folgenden Jahren deutlich an und waren für die Arbeiter und Angestellten zwar bescheiden, aber auskömmlich.

Tabelle 6: Einkommensentwicklung der Beschäftigten von Haver & Boecker, 1925–1930

	Feinweberei Bruttoeinkommen im Durchschnitt monatlich	jährlich
1925	177	2.124
1926	202	2.424
1927	198	2.376
1928	.	.
1929	202	2.424
1930	193	2.316

Mitte der 1920er Jahre entstand auch die erste gedruckte Arbeitsordnung für die Firma Haver & Boecker[71]. Sie wurde aufgrund der § 78, Zif. 3, und § 104 IV Betriebsrätegesetz sowie der Bestimmungen der Gewerbeordnung am 15. April 1926 zwischen der Belegschaft und der Geschäftsführung vereinbart und trat zum 1. Mai 1926 in Kraft. Darin waren vor allem Beginn und Ende der Arbeitszeiten, die Dauer der Arbeitszeit sowie die Lohnberechnung und Lohnzahlung geregelt.

Bis 1929 entwickelte sich dann die Firma recht vielversprechend und die Belegschaft profitierte von dem Aufschwung. Die große Depression der frühen dreißiger Jahre traf dann aber auch Haver & Boecker, die die Belegschaft von 169 Mitarbeitern im Jahre 1928 bis auf 109 Mitarbeiter 1932 reduzieren mußte. Die Zeiten wurden hart. Wie knapp die Arbeits- und Verdienstmöglichkeiten damals waren, geht aus der Schilderung von Bernhard Mersmann hervor, der während dieser Zeit zunächst als Schlosserlehrling und ab 1932 als Monteur in der Maschinenfabrik tätig war:

> „. . . da ging es sehr schlecht . . . durften nur drei Tage arbeiten, wenn wir mal einen Tag mehr machten, das kam bei den Lehrjungen schon mal vor, da waren die anderen schon mitunter böse. Das konnten die nicht haben, warum wir länger machten . . . , da war es auch so, wenn da hier Ersatzteile gebraucht wurden für die Packmaschinen, hier meinetwegen im Kreis Beckum, dann haben wir versucht, die dort hinzubringen, das durften wir auch, dann konnten wir uns die Transportgebühren verdienen . . . als Lehrlinge und dann später auch noch . . . “[72]

Einige Mitarbeiter mußten sogar wegen Arbeitsmangel entlassen werden. Wilhelm Strake berichtet von sich aus dieser Zeit:

> „. . . von 31 bis 33 war ich von Haver & Boecker weg . . . wegen Arbeitsmangel . . . , ich bin beim Bau gewesen . . . , in der Zwischenzeit habe ich selbst gebaut . . . “[73]

70 Auskunft von Bernhard Mersmann (geb. 1915) am 24.7.1986 zur betrieblichen und überbetrieblichen Organisation der Arbeiter im Nationalsozialismus, vgl. ausführlich Timothy W. Mason, Sozialpolitik im Dritten Reich, Arbeiterklasse und Volksgemeinschaft, Opladen 1977, und Peter Borscheid, Vom Ersten zum Zweiten Weltkrieg, S. 429.

71 Arbeits-Ordnung der Firma Carl Haver & Ed. Boecker, Oelde i.W., Oelde 1929.

72 Auskunft von Bernhard Mersmann (geb. 1915) vom 24.7.1986.

73 Auskunft von Wilhelm Strake (geb. 1904) vom 24.7.1986.

Auch Hermann Jasper wurde 1931 entlassen und erst 1935 wieder eingestellt, Bernhard Kleinhaus war 1931/32 ebenfalls arbeitslos, und auch Hubert Kahlmeier war in dieser Zeit zwei Monate ohne Arbeit[74].

Karl Thon erinnert sich an diese schweren Zeiten. Es wurde viel

> „. . . Kurzarbeit gemacht. Einzelne wurden auch entlassen, aber die sind dann nach zwei Jahren alle wieder eingestellt worden“[75].

Mit der Rüstungskonjunktur des Dritten Reiches wuchs auch die Belegschaft von Haver & Boecker kräftig an. Sie verdreifachte sich von 1932 bis 1939 von 109 auf 332 Mitarbeiter, und es begannen „ein paar gute Jahre“[76]. Die Einkommenssteigerungen blieben wegen des verordneten Lohn- und Preisstops sehr bescheiden. 1934 wurde aufgrund der Vorschriften des Gesetzes zur Ordnung der nationalen Arbeit[77] auch eine neue Betriebsordnung eingeführt, die gegenüber der vorausgehenden im wesentlichen nur ein zusätzliches Kapitel „Der Führer des Betriebes und die Gefolgschaft“ (§§ 1–3) enthielt[78].

Auch die Einkommensverhältnisse stabilisierten sich. Zwar wurden keine hohen Lohnsteigerungen erzielt, jedoch erhöhte sich deutlich die Beschäftigungssicherheit. Ab Mitte der dreißiger Jahre stellten sich die Einkommensverhältnisse wie folgt dar[79]:

Tabelle 7: Jahreseinkommen verschiedener Beschäftigter bei Oelder Firmen, 1934–1945

	Prokurist	Ingenieur	Meister	Vorarbeiter	Metallgewebemacher	Maschinenschlosser
1934	2.691	1.685	3.300	–	–	–
1935	2.872	3.000	3.525	2.280	2.201	1.815
1936	3.060	3.000	3.600	2.415	2.577	2.056
1937	3.540	3.750	4.147	2.430	2.409	2.305
1938	3.470	3.750	4.379	2.432	2.460	2.464
1939	4.032	3.753	4.682	2.617	2.425	2.432
1940	4.110	4.740	5.104	2.563	2.579	1.854
1941	5.136	4.975	5.351	2.893	2.954	2.646
1942	4.950	–	5.644	2.606	3.330	1.918
1943	5.445	–	6.272	2.489	2.727	2.282
1944	–	–	–	3.133	2.999	2.441
1945	–	–	–	2.363	2.145	1.323

Die Arbeitzeiten der Belegschaft paßten sich der konjunkturellen Lage an, Arbeitsmangel und enorme Arbeitsbelastungen wechselten einander ab.

In der Inflationskonjunktur wurde fleißig geschafft, in der Drahtweberei zumeist in zwei Schichten zu je zwölf Stunden. Vor allem aus der USA-Weberei wird nach Aufnahme der DIAMANT-Fliegengaze-Produktion von sehr langen Arbeitszeiten berichtet:

> „. . . manchmal feiertagabends: 2. Ostertag, 2. Pfingsttag, Weihnachten weniger . . ., schon abends 20 Uhr fingen wir an, dann ging das rund um die Uhr, dreimal acht oder zweimal zwölf, je nachdem, wieviel Leute da waren.“[80]

74 Auskunft von Hermann Jasper (geb. 1908) am 31.7.1986, Bernhard Kleinhaus (geb. 1912) am 31.7.1986 und Hubert Kahlmeier (geb. 1911) am 31.7.1986.
75 Auskunft von Karl Thon (geb. 1908) vom 24.7.1986.
76 Ebd.
77 Vom 20. Januar 1934 (RGBl. I, S. 45).
78 Betriebsordnung für den Betrieb der Firma Carl Haver & Ed. Boecker, Oelde i.W., Oelde 1934.
79 Berechnet nach den Lohnabrechnungen.
80 Auskunft von Karl Thon (geb. 1908) vom 24.7.1986.

Die Depression nach 1930 erforderte Kurzarbeit und Entlassungen, aber schon 1934 war die Beschäftigungslage wieder gut. Die Fliegengaze-Weberei arbeitete bis 1935 in zwei Schichten zu je 12 Stunden und wurde dann auf drei Schichten zu je 8 Stunden umgestellt[81].

Zu den langen Arbeitszeiten im Betrieb kamen noch die häuslichen Arbeiten, die durch die besondere Weise der ländlichen Lebensumstände in Oelde bedingt waren. Hubert Kahlmeier berichtet:

> „wenn wir nach Hause kamen, dann mußten wir zum Land hin, und wir hatten ja alle lange Stücke . . . , jeder hatte Land . . . , dann wurde alles mit der Hand gegraben noch . . . "[82]

Die Personalverknappung während des Krieges bei gleichzeitig gestiegenen Anforderungen an das Produktionsvolumen führten zu einer bedeutenden Ausweitung der durchschnittlichen Arbeitszeiten. Schon 1940 errechnet sich nach den neuen Arbeitszeitregelungen eine effektive wöchentliche Arbeitszeit von 55 Stunden ohne Pausen[83]. Der Hinweis darauf, daß „wegen dringender Erntearbeiten" die Mittagspause auf 30 Minuten reduziert wurde, läßt darauf schließen, daß nach der Fabrikarbeit für viele Mitarbeiter immer noch Erntearbeiten üblich waren. Später wurden noch zusätzlich Nacht- und Sonntagsarbeiten für die Sicherung der Fabrikanlage von allen Werksangehörigen über 18 Jahre gefordert[84].

Im Jahre 1941 stieg die Wochenarbeitszeit sogar auf 66 Stunden an[85], mußte dann aber im weiteren Verlauf des Krieges, vor allem wegen der notwendig gewordenen Stromkürzungen, wieder auf 55 Stunden pro Woche herabgesetzt werden[86]. Hinzu trat gegen Ende des Krieges eine Urlaubssperre für alle Werksangehörigen mit wenigen Ausnahmen[87], so daß insgesamt die Arbeitskraft aller Mitarbeiter aufs äußerste angespannt war.

3. Produktion und Absatz

Auch für die Zeit nach 1919 ist von einer engen Verschränkung zwischen der Absatz- und der Produktionsentwicklung in der Drahtgewebeindustrie auszugehen. Zunächst wirkte der 1. Weltkrieg dämpfend auf die Entwicklung der Branche, nicht zuletzt, weil wichtige Auslandsverbindungen, besonders mit Amerika, stark eingeschränkt wurden[88]. In der Produktion der Firma Haver & Boecker erfolgte eine Umstellung auf Kriegsbedarf. Die Festschrift zum 50jährigen Bestehen des Unternehmens spricht von Aufträgen für Gasmasken und von Seezeichen mit Drahtgeweben als Flaggen für den U-Boot-Krieg. Ein Teil des Erfolges dieser Jahre beruhte jedoch auf einer regen Nachfrage nach dem bereits 1911 neu eingeführten Artikel Drahtsack-Verschlüsse[89]. Die für das Unternehmen langfristig entwicklungsfördernden Impulse wurden erst in den Nachkriegsjahren deutlich erkennbar und sind weitgehend mit dem Wiederaufnehmen der durch den Krieg unterbrochenen Auslandsverbindungen zu erklären.

81 Vgl. HB-Kurier, 1977/II, S. 4.
82 Auskunft von Hubert Kahlmeier (geb. 1911) am 31.7.1986.
83 Bekanntmachung vom 27. August 1940.
84 Bekanntmachung vom 17.10.1940.
85 Bekanntmachung vom 20.10.1941.
86 Bekanntmachung vom 7.2.1942.
87 Die Urlaubssperre galt nicht für Männer über 65 und Frauen über 50 Jahre, für Ehefrauen, deren Männer als Soldaten im Weihnachtsurlaub waren, bei Todesfällen, Geburten etc. in der Familie und zur Erholung nach eigener schwerer Krankheit. Vgl. Aushang für Betrieb und Büro vom 29.8.1944.
88 Vgl. HB-Kurier I/1980, wo von Adolf Havers Plänen zur Errichtung einer amerikanischen Firma im Jahre 1919 berichtet wird.
89 50 Jahre Haver & Boecker. Vermutlich für den mit dem Grabenkrieg verbundenen Bedarf an Sandsäcken.

Absatz und Marktentwicklung

Der strukturelle Wandel in der Drahtgewebeindustrie und im Unternehmen kann aus den Geschäftsberichten der Firma in den Jahren nach dem Krieg entnommen werden. Ein erster großer Schritt vorwärts erfolgte im Jahre 1923 durch Erwerb der Fabrikationslizenz für die in den USA bereits 1910 entwickelten „Steckschützen"-Webstühle zur Herstellung von planliegender, harter Fliegengaze. Mit diesem Webstuhl und diesem neuen Produkt hatten die Amerikaner in der Nachkriegszeit eine drückende Überlegenheit auf dem wachsenden Absatzmarkt, in den USA wie in Europa, gewonnen. Diese Veränderung im Absatzmarkt führte bei Haver & Boecker zu einer strategischen Investitions- und Produktionsentscheidung über die Aufnahme des neuen Verfahrens.
Die unterschiedlichen damals zur Verfügung stehenden Schußeintrag-Systeme beim Drahtweben lassen sich graphisch veranschaulichen.

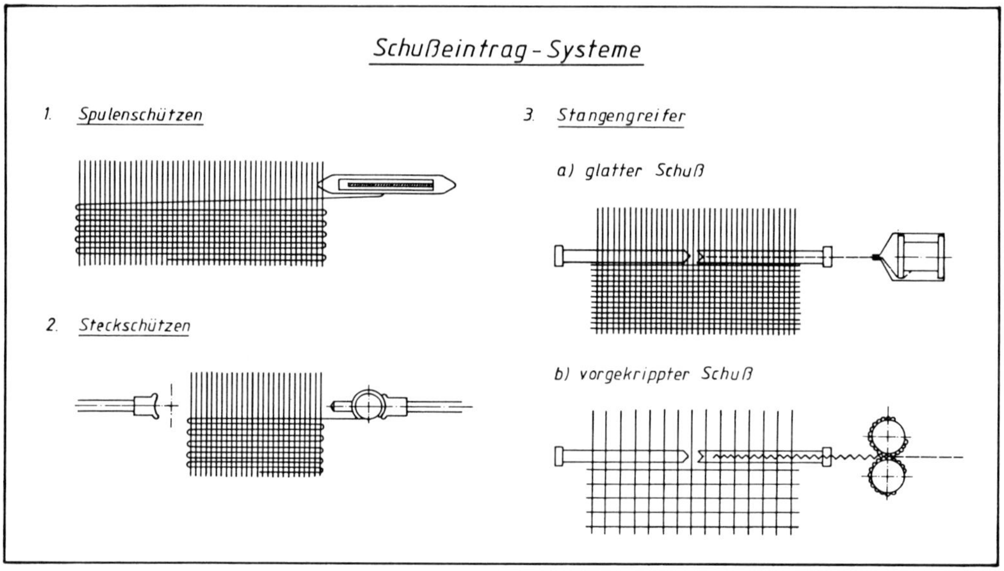

Abbildung 25: Schußeintrag beim Drahtweben

Legende zu Abbildung 25:

1. Spulenschützen
   Die erste Art des mechanischen Webens. Der Schußdraht kommt auf die Spindel innerhalb des Schützens, wird mittig aus diesem herausgezogen und eingewebt.

2. Steckschützen
   Der Schützen wird durch Lanzen geführt und jeweils mittig übernommen. Bedingt durch die runde Schußspule können auch harte Drähte verwebt werden.

3. Stangengreifer
   a) glatter Schuß: Die heute übliche Art des schützenlosen Webens; der Draht wird mittig übergeben.
   b) vorgekippter Schuß: Dieses Verfahren ist älter und für Drähte 0,63 mm und dicker geeignet. Der Schußdraht wird zwischen zwei Kripprädern vorgeformt und mittig übergeben.

Im Nachhinein muß der Entschluß zum Übergang zu einem neuen Schußeintrag-System beim Drahtweben als entscheidend für die weitere Entwicklung der Drahtwebereien angesehen werden. Er bedeutete nämlich:

1) den Beginn der Produktion eines Massenartikels mit größeren Kostenersparnissen als bisher, und
2) den Beginn der Maschinenbauabteilung der Firma. Beides war entscheidend für den weiteren Erfolg des Unternehmens.

Damit gelang ein bedeutsamer Schritt zur Diversifikation, der allerdings erst 1925 formell und endgültig beschlossen wurde.

Im Jahre 1923 lag die größte Hoffnung für die Zukunft noch in den Kostenersparnissen, die man mit der amerikanischen Maschine zu erzielen hoffte. Die neue Maschinenbaukapazität wurde noch ausschließlich für die Weberei genutzt, aber schon damals dachte man

> „. . . daran, diese Abteilung als Dauereinrichtung aufrecht zu erhalten, falls die finanziellen Verhältnisse es gestatten."[90]

Beide Hoffnungen erfüllten sich bald. Schon 1926 berichtet die Geschäftsleitung von einem großen Absatzerfolg des Artikels „Diamant-Gaze" und auch über den „Ausbau der Schlosserei zu einer Maschinenfabrik"[91].

Der Auf- und Ausbau der Maschinenfabrik wurde unterstützt durch die 1925 ebenfalls beschlossene Einführung eines neben den Webmaschinen zweiten, neuen Maschinenbauproduktes, nämlich von Ventilsackpackmaschinen. Auch in diesem Falle kamen die entscheidenden Anregungen zur Fertigung dieses Produktes aus den Erfahrungen mit Kundenwünschen sowie durch amerikanische Kontakte zustande. Eine amerikanische Firma – bisher ein Abnehmer von Drahtsack-Verschlüssen der Firma Haver & Boecker – ging selbst zur Herstellung von Sackpackmaschinen über. Haver & Boecker sah in dieser Entwicklung mit Recht eine Gefahr für den Absatz von Drahtsack-Verschlüssen, die durch dieses neue Verpackungssystem obsolet wurden. Für Haver & Boecker bestand die Lösung dieses Problems im Abschluß eines Lizenzabkommens mit der Modern Valve Bag Comp. Allentown, Pa., so daß Haver & Boecker die Sackpackmaschinen nun für ganz Europa herstellen konnte[92]. Damit war zugleich die Zukunft der Maschinenfabrikationsabteilung des Unternehmens für viele Jahre gesichert, wobei ihre weiter aufstrebende Entwicklung seit 1928 zusätzlich durch die Aufnahme eines weiteren, amerikanischen Produktes, nämlich durch die in der Stein- und Erdenindustrie zunehmend eingesetzten Schwingsiebmaschinen, in beachtlichem Ausmaß mitgetragen wurde[93]. Erwähnenswert ist, daß in diesem Fall Absatzhoffnungen zweifacher Art maßgebend waren, denn es sollten nicht nur Siebmaschinen geliefert, sondern selbstverständlich auch die dazugehörigen Drahtgewebe als Vorprodukte verwandt werden.

Die Entwicklung in der Drahtweberei blieb in dieser Zeit natürlich nicht stehen. Im Jahre 1926 wurde z.B. das neue Produkt CEDRA auf den Markt gebracht. Dieses mit einer Cellon-Schicht überzogene Drahtgewebe erschloß einen neuen und wachsenden Markt vor allem im Bereich der aufstrebenden Geflügelzucht in Deutschland wie auch im Ausland. Dieses Produkt hatte den weiteren Vorteil, daß es einerseits mit den neuen, selbst hergestellten „Steckschützen"-Webstühlen hergestellt werden konnten, andererseits zugleich darin, daß die in der eigenen Zieherei gezogenen Feindrähte verarbeitet werden konnten[94].

90 Jahresbericht 1923, Haver & Boecker.
91 Jahresbericht 1925, Haver & Boecker.
92 Vgl. auch Kap. IV 1, S. 71f.
93 Vgl. auch Kap. IV 1, S. 73f.
94 Vgl. Jahresbericht für 1928; auch Kap. IV 1, S. 69.

Kleine Metallkunde

Wir machen immer wieder die Erfahrung, daß unsere Kundschaft für Sonderzwecke Drahtgewebe aus Messing-, Kupfer usw. -Drähten bestellt, die die gewünschte Haltbarkeit nachher nicht aufweisen. Der Käufer glaubt dann die Qualität des Gewebes beanstanden zu können, ohne sich darüber klar zu sein, daß er das bekam, was er forderte. Wie häufig passiert es z.B., daß man Fenster, Schachtöffnungen mit leichtem Messinggewebe vergittert und glaubt, etwas besonders Gutes und Beständiges zu haben. Nach Wochen schon muß man sehen, wie das Gewebe vollkommen zerfällt und ersetzt werden muß. Was ist geschehen? Das Metall ist gealtert, der im Messing enthaltene Zink kristallisierte sehr schnell und wurde spröde. Eine leichte Erschütterung läßt das Gitter zerfallen.
Wenn Sie also Ihrer Kundschaft für besondere Zwecke Drahtgewebe liefern sollen, fragen Sie, bitte, wofür. Wir werden dann versuchen, Ihnen das Richtige anzubieten. Freilich ist die Kenntnis der Metallkunde eine so umfassende und schwierige, daß wir Garantien nicht übernehmen können. Jeder Fall ist von vielen Umständen und Verhältnissen abhängig, die man nur ausprobieren, schlecht vorher bestimmen kann.

Die nachfolgende Aufstellung soll Ihnen einen ungefähren Anhalt geben.

Eisen und Stahl: Durch die Metallknappheit muß dieses billige Metall vornehmlich verwendet werden, das durch Ueberzüge mit Zink, Zinn, Blei, Gummi, Emaille, Lacken usw. oft sehr haltbar gemacht werden kann.

Schwache Säuren, sowohl organisch – Essigsäure, Milchsäure – wie anorganisch, Salz, Schwefel, Salpetersäure greifen rohes Eisen an, starke Säuren zerfressen es.
Leichte Alkalien *und* Laugen, wie Sodalösung, Seifenlauge, Wasserglas, greifen Eisen ebenfalls an, wenn es nicht durch Überzug wie oben geschützt ist.
Für bessere Wetterbeständigkeit kann anstatt gewöhnlichem Eisen, Armco-Eisen, ein ganz reines Eisen oder Patinastahl, ein gekupferter billiger Sonderstahl, verwendet werden, der durch Zink oder Lack rostgeschützt wird.
Bei mechanischer Beanspruchung – Abnutzung durch Reibung – empfehlen wir unsere Gewebe aus Niastahl, die sich auch durch besonders große Schlag- und Stoßfestigkeit auszeichnen."

Der entscheidende Einfluß des Absatzes auf die Produktion war für Haver & Boecker zu offensichtlich, als daß man sich lange bei diesem Zusammenhang aufhalten müßte. Verständlicherweise wurde deshalb der Auftragseingang mit Argusaugen beobachtet. Im Frühling 1929 wurde z.B. berichtet, daß Aufträge aus den USA die Beschäftigung in der feinen Nickeldrahtweberei bis Mitte des Jahres garantieren; 1930 dagegen wurde mangels entsprechender Aufträge die baldige Einstellung der Produktion dieses Artikels angekündigt[105]. Offenbar war die Produktion auf Lager nur in engen Grenzen möglich.

Hier zeichnete sich bereits die Krise der 1930er Jahre ab. Schon 1929 wurde eine prekäre Diskrepanz zwischen Absatz und Kapazität bei Haver & Boecker deutlich. Bis 1932 schrumpfte der Umsatz auf ein Drittel der Höhe von 1929 zusammen (vgl. Tabelle 8, S. 96/97). Der „Marktrenner" der späten 1920er Jahre, Cedraglas, fiel auf weniger als ein Fünftel eines 1929 erreichten Umsatzvolumens[106]. Als Reaktion auf die Absatzeinbuße erfolgte eine Mengenanpassung: die Zahl der geleisteten Betriebsstunden ging von 1929 bis 1932 um mehr als 50 % zurück, und d.h. auf weniger als die Hälfte der Beschäftigung von 1929. Die Belegschaft

105 Vgl. Jahresberichte für 1929 und 1930.
106 Vgl. Bericht für 1932.

schrumpfte um mehr als ein Drittel. Versuche, diesem Niedergang durch neue Exportaufträge entgegenzuwirken, sind zwar in bemerkenswertem Umfange unternommen worden, sie waren aber nur z.T. erfolgreich[107]. Zusätzlich zur mengenmäßigen Anpassung mußten wegen der ebenfalls verschärften Konkurrenz noch erhebliche Preiszugeständnisse gemacht werden[108]. Der Druck der Preisreduktionen auf die Ertragslage wurde jedoch durch ebenfalls fallende Materialpreise und die nicht unerheblichen Lohnkürzungen gedämpft. Dennoch tauchte an der „Absatzfront" erneut das Problem der überharten Preiskonkurrenz auf, und ebenso erhob sich wiederum die Diskussion um mögliche, meist kartellähnliche Wege zur Abschwächung oder Beseitigung dieser Konkurrenz. Immer wieder wurde eine „Oberschleuder"-Firma in Thüringen wegen ihrer Preispolitik angeprangert. 1932 heißt es dazu:[109]

> „Wir wollen und werden noch dieses Jahr Einigungsverhandlungen mit der Konkurrenzfirma versuchen. Sonst Kampf bis zum Weisblute."

Der Erfolg war offenbar nicht sehr groß, denn auch 1933 wird noch von Schleuderpreisen gesprochen, jedoch auch von Fortschritten berichtet:[110]

> „Die Preisvereinbarungen für Handelsgewebe und der Austausch der Preislisten zwischen den beteiligten Firmen hat sich bewährt, so daß im allgemeinen auch zu den Listenpreisen verkauft wird. Bei größeren Unterbietungen, die wir festgestellt haben, dürfte es sich um Ausnahmen handeln."

An die Machtergreifung der Nationalsozialisten im Frühjahr 1933 knüpfte die Firma Hoffnungen auf das Zustandekommen eines noch wirksameren Kartells für Drahtgewebe. Unter „Vorschläge" für 1934" ist im Geschäftsbericht u.a. zu lesen:

> „Die Reichsfachschaft der deutschen Drahtwebereien muß noch weiter ausgebaut werden mit dem Ziel, alle deutschen Drahtwebereien in der Preiskonvention zusammenzuschließen, nötigenfalls mit Hilfe des Reichswirtschafts-Ministeriums, damit die bisherige Preisschleuderei in Zukunft unmöglich gemacht wird und allmählich wieder Preise erzielt werden, die auf Grund genauer Kalkulations-Unterlagen festgestellt werden."

Es wird sogar behauptet, daß sich die Reichsfachschaft bereits „sehr günstig ausgewirkt [hat]", und es wird bemerkt, daß „die Regierung des Dritten Reiches . . . auch in dieser Hinsicht Gott sei Dank einen anderen Standpunkt [einnimmt] als die Regierung des ‚Zwischenreiches' und des Vorkriegsreiches"; und ebenfalls wird berichtet, daß „die letzten Außenseiter . . . nunmehr zwangsweise unserem Gesamtverband angegliedert sind"[111].

Der Prozeß der Kartellbildung erwies sich jedoch als langwieriger als zunächst erwartet. Von einem effektiven Verband wird erst ab 1937 gesprochen, zu einem Zeitpunkt, in dem eine gänzlich andere Wirtschaftslage als 1933 gegeben war[112].

Seit 1933 hatte sich in der Tat die Absatzsituation der Firma wesentlich verbessert. 1938 überstieg der Umsatz wieder das 1929 erreichte Niveau (siehe Tabelle 8, S. 96/97). Die Expansion in diesem Zeitraum wurde besonders von der Maschinenfabrik getragen, deren Anteil am Gesamtumsatz nunmehr auf über 50 % des Gesamtumsatzes anstieg. Mit den Straßenbauprogrammen in Deutschland und auch in den anderen europäischen Ländern wurde insbesondere die Nachfrage nach Niagara-Schwingsiebmaschinen stimuliert[113].

107 Im Bericht für 1930–1931 wird z.B. von erfolgreichen Geschäftsabschlüssen durch Erich Haver in Ägypten und Palästina berichtet.
108 Siehe z.B. die Tabelle 10, S. 100 weiter unten.
109 Jahresbericht für 1932.
110 Jahresbericht für 1932.
111 Bericht für 1933.
112 Bericht für 1937.
113 Vgl. auch HB-Kurier 1976/I, S. 8.

Tabelle 8: Umsatz von Haver & Boecker, 1925–1986

	UMSATZ in .000 RM/DM				ABTEILUNGS-UMSÄTZE		
JAHR	Gesamt-umsatz	davon Export	%	Draht-Gewebe	Draht-Roll-Glas	Maschinen fabrik = MF	Anteil % der MF
	1	2	3	4	5	6	7
1925	892			892	0	0	
1926	942						
1927	1.367			1.100	44	223	16
1928	1.710			1.076	389	246	13
1929	2.283	1.143	44	1.197	497	589	26
1930	1.654	745	45	907	406	342	20
1931	1.373	788	57	664	196	512	37
1932	764	410	54	433	89	242	32
1933	975	460	47	580	76	318	34
1934	1.224	368	30	682	89	454	37
1935	1.598	442	27	826	111	661	41
1936	1.814	503	28	919	117	778	43
1937	2.269	645	28	1.079	124	1.067	47
1938	2.390	541	23	1.049	146	1.195	50
1939	2.708	469	17	1.141	162	1.405	53
1940	2.330	245	11	944	264	1.122	49
1941	2.402	237	10	1.054	381	968	41
1942	2.463	94	4	999	509	955	39
1943	5.881	59	1	914	4.060	907	15
1944	5.848	9	0	902	3.861	1.086	17
1945	2.735	2	0	471	1.702	563	21
1946	2.333	0	0	579	1.318	436	19
1947	2.268	8	0	664	918	636	28
1948	3.629	294	8	1.725	586	1.317	36
1949	4.799	605	13	3.076	172	1.551	32
1950	6.582	2.200	33	3.981	252	2.349	36
1951	7.829	2.718	34	5.291	244	2.392	30
1952	8.194	3.188	39	4.694	276	3.224	39
1953	10.165	4.846	48	5.056	271	4.838	48
1954	11.101	4.955	45	5.770	395	4.936	45
1955	13.577	5.979	44	7.271	502	5.824	43
1956	15.734	7.538	48	8.137	655	6.942	44
1957	17.168	8.744	50	8.699	553	7.916	46
1958	16.282	6.700	41	8.716	560	7.006	43
1959	19.531	8.527	44	10.403	598	8.530	44
1960	21.789	8.905	41	11.411	555	9.823	45
1961	22.982	9.845	43	11.135	560	11.107	49
1962	24.011	11.989	50	11.277	464	12.190	51
1963	27.482	14.102	52	10.646	586	16.085	59
1964	31.587	16.029	51	12.614	746	18.227	58
1965	33.684	18.559	55	14.421	538	19.108	57
1966	31.555	16.782	57	15.522	604	15.744	49
1967	32.885	19.141	59	15.762	518	16.796	51

1968	33.818	19.134	56	17.262	514	16.193	48
1969	42.055	20.615	55	19.578	508	21.969	52
1970	47.899	25.296	53	22.295	412	25.192	53
1971	51.678	28.067	54	20.336	366	30.975	60
1972	63.328	39.348	62	22.441	421	40.566	64
1973	61.892	37.447	61	26.290	363	35.239	57
1974	71.447	47.344	66	28.582	399	42.466	59
1975	87.922	66.918	76	25.860	260	61.682	70
1976	94.912	70.642	74	28.408	284	66.220	70
1977	94.443	65.674	70	26.750	262	67.422	71
1978	94.178	64.098	68	27.508	299	66.372	71
1979	106.651	72.058	68	29.742	289	76.620	72
1980	121.337	85.380	70	33.862	287	87.188	72
1981	127.545	92.525	73	35.721	150	91.674	72
1982	131.288	92.629	71	36.065	154	95.068	72
1983	127.984	87.273	68	39.162	183	88.639	69
1984	144.118	101.921	71	46.681	46	97.391	68
1985	149.659	104.151	70	52.161	52	97.446	65
1986	131.896	85.095	65	57.127	53	74.716	57

Diese Blüte war allerdings nur von kurzer Dauer. Es zeigten sich schon bald neue Schwierigkeiten auf der Absatzseite, erstmals konnten Liefertermine wegen der beginnenden Materialknappheit nicht eingehalten werden; hinzu kamen politisch bedingte Verluste von Exportmärkten. So wurde 1938 der Verlust des österreichischen Marktes gemeldet, ebenso wie das Ausfallen der „früheren Lieferungen" nach Frankreich[114]. Die Exporte reduzierten sich auf weniger als ein Sechstel des Geschäftsvolumens. Der Schwerpunkt des Absatzes lag nun bei den Industriegeweben und im Maschinenbaugeschäft.

Bei Haver & Boecker wurde jedoch weiterhin intensiv über Marketing-Probleme nachgedacht. Die Beratung des Kunden wurde immer noch als der kritische Faktor für den Absatz gesehen. 1938 wurde behauptet, daß „die technische Erfahrungsseite des Industriegewebe-Geschäftes viel wichtiger ist als das Kaufmännische. Das Geschäft ist mit anderen Worten eher mit dem Betriebsleiter als mit dem Einkäufer zu machen, und die persönliche Fühlungnahme mit der Kundschaft und die Behandlung ihrer technischen Probleme bringen dauerhafte treue Kunden"[115]. Aus Rücksicht auf Kundenwünsche im Zusammenhang mit Materialknappheit und Lieferterminschwierigkeiten ging man deshalb zu einer Politik größerer Lagerhaltung über. In dieser Haltung wurden jedoch politisch bedingte Zwangslagen mindestens ebenso deutlich wie eine neue Marketing-Strategie: die Probleme der Kriegsjahre werden bereits antizipiert.

Mit Ausbruch des 2. Weltkrieges mußte die Firma neue Absatzmöglichkeiten im Staatsbereich suchen, denn nicht nur Exportmärkte fielen aus, sondern die wichtigen Rohstofflieferungen galten nur für Wehrmachtsaufträge als einigermaßen gesichert. Über Marketingbemühungen und Absatzprobleme scheint man in diesen Jahren jedenfalls weniger nachgedacht zu haben, auch nicht über die Konkurrenz um die Wehrmachtsaufträge. Das A und O der Geschäfte in diesen Jahren war eben die Rohstoffzuteilung – im Falle der Drahtweberei durch „Eisenscheine" geregelt. Schon die Annahme eines Auftrages über Drahtgewebe hing in

114 Bericht für 1938. Vgl. auch Willi A. Boelcke, Die Deutsche Wirtschaft, S. 104ff.
115 Jahresbericht Thomas 1938.

dieser Zeit vom Vorhandensein solcher Scheine ab[116]. Haver & Boecker war nicht sehr stark an reinen Rüstungsaufträgen beteiligt; diese machten nur etwa 10 % der Umsätze während des Krieges aus[116a]. Die größte Absatzverschiebung in dieser Zeit ist zweifellos auf die seit 1943 stark zunehmenden alliierten Luftangriffe und die dadurch bedingte Nachfrage nach Cedraglas – als Glasfenterersatz – zurückzuführen. Dieser Artikel machte in den letzten Kriegsjahren allein ca. zwei Drittel des gesamten Umsatzes der Firma aus.

Produktion und Produktivität

Es fehlen leider Daten, die es erlauben würden, den Ersten Weltkrieg eindeutig als eine Zäsur in der Produktivitätsentwicklung des Unternehmens zu identifizieren. Deshalb muß dieser sonst so wichtige Einschnitt hier übersprungen werden und erneut auf die Zahlen der Tabelle 2, S. 56 Bezug genommen werden. Unter Verwendung der bereits erläuterten Schätzmethode läßt sich für die Firma insgesamt zwischen 1907 und 1928/29 eine Steigerung der Arbeitsproduktivität zwischen 30 und 70 Prozent errechnen[117]. Für diesen Zeitraum ergibt sich also eine geringere jährliche Wachstumsrate der Arbeitsproduktivität als für die Zeit vor dem 1. Weltkrieg, nämlich 2,4 gegenüber 3,6 Prozent. Diese Rate liegt wahrscheinlich auch hinter der realen Lohnkostenentwicklung zurück, die in der Zeit zwischen 1907 und 1928/29 auf 58 bzw. 72 Prozent geschätzt werden kann[118]. Aus diesen Zahlen errechnet sich in dieser Periode für die Firma eine Arbeitskostensteigerung von 23 bzw. 1 Prozent. Das ist ein erstaunliches Ergebnis, denn durch die fortgesetzte Mechanisierung der Drahtweberei – man denke nur an die wachsende Zahl der amerikanischen „Steckschützen"-Webstühle seit 1923 oder an den zunehmenden Energieeinsatz[119] – hätte man eigentlich Arbeitskostenersparnisse erwartet[120]. Kann diese Beobachtung als weiterer Beleg für die gegenwärtig heiß diskutierte These der „zu hohen Löhne" in der Weimarer Republik verwandt werden?[121] Die Frage erscheint berechtigt, kann aber mit den o.a. Daten nicht abschließend beantwortet werden, denn strenggenommen läßt sich die Produktivitätsentwicklung bei Haver & Boecker in diesem Zeitraum (1907–29) gar nicht genau quantitativ bestimmen.

Innovationen haben nämlich die Produktions- und Absatzstruktur so radikal verändert, daß der für den Vergleich erforderliche gemeinsame Nenner fehlt. Diese Veränderungen im Produk-

116 Außerdem waren die eigenen Arbeitskräfte eher bei Wehrmachtsaufträgen zurückstellbar als bei privaten Geschäften.

116a Vgl. Bericht für 1941. Der Anteil der Rüstungsaufträge am Firmenumsatz betrug 1939: 0,1 %, 1940: 2,1 %, 1941: 8,5 %, 1942: 11,8 %, 1943: 7,2 %, 1944: 10,8 % und 1945: 9,1 %.

117 Für den Zeitraum 1907 bis 1928 errechnet sich eine wertmäßige Produktivitätszunahme von 30 Prozent, für den Zeitraum 1907 bis 1929 jedoch nur eine solche von 70 Prozent. Das zeigt die Wichtigkeit der Wahl der Bezugsjahre für solche Schätzungen.

118 Nur bei der Annahme eines Wochenlohnes von 44 Mark für 1928 und 1929, wie Baermanns Daten ihn vielleicht annehmen lassen würden, könnte von einem geringeren Reallohnkostenzuwachs gesprochen werden, und auch nur dann im Vergleich mit dem Jahre 1929. Aber die Lohnangaben für 1928/1929 von 48 bzw. 53 Mark scheinen als wesentlich fundierter. Sie werden mit dem Produktionsgüterpreisindex „bereinigt", weil es hier um Unternehmenskosten und nicht um Wohlfahrt der Arbeit geht. – Vgl. Baermann, Drahtgewebeindustrie.

119 Allein zwischen 1911 und 1922 erhöhte sich der Energieverbrauch des Unternehmens um 86 Prozent. Vgl. 50 Jahre Haver & Boecker.

120 Es wird z.B. berichtet, daß bei den Fliegengaze-Webstühlen ein Weber bis 8 Stühle bedienen konnte im Vergleich zu dem alten „Ein-Mann = Ein-Stuhl-System". Natürlich müßten auch Nebenkosten und Stillstandszeiten berücksichtigt werden, aber ein großes Potential zur Einsparung von Arbeitskosten war vorhanden.

121 Vgl. die Diskussion bei C.-L. Holtfrerich, Zu hohe Löhne in der Weimarer Republik?, *in:* Geschichte und Gesellschaft 10(1984), S. 122–141.

tionsprogramm wurden an mehreren Stellen erwähnt[122], nämlich die Aufnahme der Herstellung von Drahtsackverschlüssen (1911), die Angliederung einer eigenen Drahtzieherei (1920), der Aufbau einer Maschinenfabrik (1925) usw. Während 1907 die Drahtweberei das Produktionsprogramm noch allein bestimmte, war das Ende der 1920er Jahre nicht mehr der Fall. Mitte der dreißiger Jahre brachte sie nur noch die Hälfte des Gesamtumsatzes der Firma[123]. Diese Produktinnovationen und die damit verbundenen organisatorischen Veränderungen waren Teil einer Marktanpassungsstrategie, „vor allem als Antwort auf erhöhte Konkurrenz in der Drahtgewebeindustrie", und schufen zugleich Raum für eine Produktivitätssteigerung in der Fertigung. Ihre Wirkungen können insgesamt aber kaum quantifiziert werden.

Anhaltspunkte für eine Beurteilung der Produktivitätsgewinne lassen sich aus der isolierten Betrachtung der Drahtwebereiabteilung gewinnen. Hier liegt ein zumindest einigermaßen homogenes Produkt vor. Aber auch dabei stößt eine Produktivitätsberechnung jedoch noch auf weitere Schwierigkeiten, vor allem hinsichtlich der Zurechnung der Gemeinkosten des Unternehmens auf die Drahtgewebe. Man muß sich deshalb mit einigen allgemeinen Annahmen behelfen, die in Tabelle 9 erfaßt sind[124]:

Tabelle 9: Die Entwicklung der Arbeitsproduktivität in der Drahtweberei von Haver & Boecker, 1907–1932

Jahr	Realer Output a)	Arbeiter I	Arbeiter II	Produktivität b) I	Produktivität b) II
1907	152	30	30	5.067	–
1928	628	56	96	11.214	6.542
1929	730	55	96	13.273	7.604
1932	387	23	52	16.826	7.442

I = nur Webereiarbeiter
II = unter Zurechnung der Angestellten und „unproduktiven" Arbeiter wie in Anm. 124 angegeben.

a) in tausend Mark in Preisen von 1913
b) in Mark in Preisen von 1913

Für die Weberei im engeren Sinne betrug demnach der Zuwachs der Arbeitsproduktivität zwischen 1907 und 1929 162 Prozent und war damit mehr als zweimal so hoch wie der reale Lohnzuwachs[125]. In diesem Produktionsbereich konnten also erhebliche Produktivitätsgewinne und Arbeitskostenersparnisse realisiert werden. Die zunehmende Mechanisierung der Drahtweberei, die Ende der 1920er Jahre ungefähr zweimal so viel Webstühle in Betrieb hatte als Arbeiter in ihr beschäftigt waren, spiegelt sich hier klar wider[126]. Jedoch lassen sich die „indirekten" Arbeitskosten „für Verwaltung, Planung, Vertrieb, Versand etc." nicht wegdiskutieren, so daß sich unter Berücksichtigung ihrer Entwicklung nur ein bescheidener Pro-

122 Vgl. Kap. IV 1, S. 71, 74ff. und Kap. IV 3, S. 91ff.
123 Siehe Tabelle 8 S. 96/97.
124 Die wichtigste Annahme ist, daß die Kosten der Angestellten und „unproduktiven Arbeiter" der Firma Haver & Boecker der Weberei entsprechend dem Anteil der Weberei an den sog. „Gesamtunkosten" zugeordnet werden können. Leider konnten die entsprechenden Zahlen der Beschäftigten für die späteren 1930er Jahre nicht ermittelt werden.
125 Gemeint ist der „reale Arbeitspreis", vgl. dazu die Diskussion der Gesamtproduktivität. Der Zuwachs von 1907 bis 1929 betrug 72 %.
126 1907 lautete das Zahlenverhältnis vermutlich 30 : 30. Hier gelten ebenfalls natürlich auch die Vorbehalte, die in Anm. 4 oben gemacht wurden hinsichtlich Ausnutzung dieses technischen Potentials; aber die Tatsache eines erhöhten Potentials, was auch eine erhöhte Ausschöpfung des Arbeitskräftepotentials und eine größere Flexibilität darstellt, bleibt zweifellos bestehen.

4. Finanzierung und Geschäftsergebnis

Nach Ausbruch des 1. Weltkrieges stellte sich schon bald im einzelwirtschaftlichen wie im gesamtwirtschaftlichen Zusammenhang das Problem der Geldwertveränderung. Es finden sich für die Firma Haver & Boecker allerdings keine Äußerungen, die ein „Inflationsbewußtsein" belegen, aber in den letzten Kriegsjahren scheinen sich doch die Veränderungen in den Bilanzen auf die Posten „Kreditoren" und „Debitoren" konzentriert zu haben. Im Nachhinein wurde der Wertzuwachs der Bilanzsumme und des Geschäftsvermögens während der Kriegszeit durch die Preisinflation von 110 % (1914–1918) mehr als ausgeglichen[135]. Investitionen wurden in diesem Zeitraum nicht getätigt[136]. Die Inflation setzte sich nach dem Kriege bekanntlich mit einer Temposteigerung fort. In der Bilanz des Unternehmens wurden mit der Einrichtung eines „Überteuerungsfaktors" auf der Aktivseite und mit erhöhten Rückstellungen auf der Passivseite Versuche unternommen, einen Inflationsausgleich zu bewerkstelligen[137]. Man gewinnt den Eindruck, daß die größten Bewegungen bei den Kreditoren und Debitoren stattfanden und ein Gleichgewicht zwischen Verbindlichkeiten und Forderungen angestrebt wurde. 1922 trägt die Bilanz den Hinweis, daß die Aufstellung in Papiermark erfolgte[138]. 1923 wird dann der Versuch einer Bilanzaufstellung gar nicht erst unternommen. Fritz Haver schreibt dazu: „Im Jahre 1923 steigt der Dollar von M. 8000 auf M. 4,2 Billionen; eine ordnungsgemäße Buchführung war daher unmöglich, zwecklos"[139]. Anscheinend waren die Transaktionskosten für einen ernsthaften Versuch, „Inflationsgewinne" zu machen, sehr hoch[140]. Aber Inflationsverluste scheint die Firma Haver & Boecker auch nicht erlitten zu haben.

Mit der Stabilisierung der Währung 1924 wurde eine nachträglich erstellte Goldmarkeröffnungsbilanz vom 1.1.1924 möglich. Sie belegt, daß die Firma die Kriegs- und Inflationsjahre gut überstanden hatte. Ihr Geschäftsvermögen von 460.000 Mark war nun mehr als dreimal so hoch als vor dem Krieg[141]. Inzwischen war die Verteilung der Ansprüche auf das Geschäftsvermögen jedoch komplizierter geworden, denn Walther Haver war im Krieg gefallen, und die Firma wurde 1915 in eine KG umgewandelt, weil Frau Witwe Carl Haver als Mitinhaberin ausschied und mit ihrer Schwiegertochter Paula Haver nur noch als Kommanditistin verblieb. Die im Gesellschaftsvertrag von 1923 neugeregelten Eigentumsverhältnisse hatten auf die Geschäftspolitik und Geschäftsergebnisse keinen Einfluß[142]. Die Firma ging unter Leitung von Erich und Fritz Haver weiter auf Expansionskurs: die Umsätze stiegen von 892.000 im Jahre 1925 auf fast 2,3 Millionen Reichsmark im Jahre 1929. Das Anlagevermögen nahm im gleichen Zeitraum von 260.000 auf 298.000 Reichsmark zu. Man sprach zwar von Schwierigkeiten bei der Beschaffung von Bankkrediten, von „Kapitalmangel" und von geringen Gewinnen[143]; aber zumindest bis 1929 scheint der aus den Umsätzen gewonnene finanzielle Spielraum für Neuinvestitionen und sonstige Aufwendungen voll ausgereicht zu haben.

135 C.-L. Holtfrerich, Die deutsche Inflation, 1914–23, S. 15.

136 Z.B. wird in der Bilanz von 1917 eine Sonderabschreibung von 25 % vermerkt als „Überbeanspruchung während des Krieges". Bilanzen Haver & Boecker.

137 1919 wird z.B. erstmalig ein Überteuerungskonto eingerichtet. 1922 eine nach dem Einkommenssteuergesetz vorgesehene Inflationsrückstellung von über 26 Millionen Mark.

138 Bilanzen Haver & Boecker (1922).

139 Bilanzvermerk vom 5.5.1924.

140 Vgl. die Studie von D. Lindenlaub, Maschinenbauunternehmen in der deutschen Inflation 1919–1923, Berlin 1985.

141 Geschäftsbericht für 1923.

142 Allenfalls sind die jährlichen Gesellschaftsversammlungen und Berichte seit 1923 als Ergebnis zu werten.

143 Geschäftsbericht für 1923 und 1925.

Auch in der Wirtschaftskrise 1929/32 konnte die Firma ohne Verlust arbeiten. Allerdings mußte das Produktionsprogramm stark heruntergefahren werden, die Belegschaft wurde um rund 40 % reduziert[144]. Vorsorge für Auftrags-Stornierungen und Zahlungsunfähigkeit von Kunden mußte getroffen werden. Das Jahr 1932 stellte dann den Tiefpunkt der Entwicklung dar; danach verbesserte sich die Geschäftslage wieder. 1937 erreichte der Gesamtumsatz den Stand von 1929, im Jahre 1938 überstieg er diesen sogar. Investitionen wurden wieder verstärkt getätigt, z.B. wurde 1937 mit der Einrichtung des Werkes II in Oelde eine deutliche Kapazitätserweiterung vorgenommen. Das Anlagevermögen verdoppelte sich 1936–38 und hielt damit im Wachstum Schritt mit der erneut anwachsenden Belegschaft[145].

Wie in den 1920er Jahren wurden auch diese neuen Investitionen aus eigenen Mitteln finanziert, z.T. stellten sie sogar das Ergebnis eigener Entwicklungsarbeiten dar[146]. Ebenso wie schon in den 1920er Jahren läßt sich ein entsprechend enger Zusammenhang zwischen dem Wert der jährlichen aktivierten Anlagen, d.h. Investitionen, und den Umsätzen beobachten[147]. Banken wurden nach wie vor vornehmlich zur Abwicklung des kurzfristigen Kredit- und Zahlungsgeschäftes beansprucht, nicht aber als dauerhafte Finanzierungsquelle. Die Firma blieb finanziell unabhängig. Das Verhältnis zwischen Firma und Familie scheint sich in dieser Hinsicht gegenüber den Anfangsjahren umgewandelt zu haben. War die Familie für die Firma damals die entscheidende Stütze, so galt das nunmehr eher umgekehrt[148]. Eine solche Entwicklung erscheint auch keineswegs verwunderlich oder ungewöhnlich, entspricht sie doch dem historischen Werdegang zahlreicher Familienunternehmen der letzten einhundert bis zweihundert Jahre.

Der Zweite Weltkrieg brachte wichtige Veränderungen in den Produktions- und Absatzbedingungen der Firma, welche an anderer Stelle dieses Bandes erwähnt sind. Hier soll dem nur noch hinzugefügt werden, daß nach anfänglicher Schrumpfung des Geschäftsumfanges und trotz erheblicher Schwierigkeiten mit der Kriegsproduktion die Firma relativ gute Gewinne durch Rollglasproduktion während der Kriegsjahre machte. Investitionen konnten allerdings wegen der Knappheit an Material und Arbeitskräften nicht im sonst üblichen Umfang getätigt werden. Die Verluste aus der Kriegszeit konnten jedenfalls bereits mit dem Ergebnis des Jahres 1945 voll abgeschrieben werden.

144 Vgl. Kap IV 3, S. 81f.
145 Vgl. Kap VI 3, S. 75.
146 Die Maschinenfabrik erstellte Produktionsgüter für die Weberei, das war ja ihre ursprüngliche *raison d'être.*
147 Die Korrelation der jährlichen Zuwachsraten des Anlagevermögens mit den Umsätzen 1925–1939 ergab einen Koeffizient von r = 0,62.
148 Das kommt 1938 in einer Neuregelung zum Ausdruck, wonach einige Familienangehörige als Gesellschafter ausschieden. Die Autonomie der Firma unter Leitung von Erich und Fritz Haver war gestärkt.

über die Konstruktion bis hin zum Export, tätig war. Am 1. November 1949 kehrte er in den Betrieb nach Oelde zurück.
Dort heiratete er am 3. Mai 1950 Hertha Brand, mit der er vier Kinder, Fritz (1951), Walter (1952), Peter (1956) und Herthi (1961), hat.
Am 1. April 1951 erhielt Eitel Fritz Haver Prokura für die Firma Haver & Boecker, und am 1. Januar 1953 wurde er Geschäftsführer und persönlich haftender Gesellschafter.
In der Firma widmete sich Eitel Fritz Haver insbesondere dem Ausbau der Drahtweberei. Dies bedeutete vor allem auch die Erschließung neuer Märkte und damit verbunden für ihn persönlich zahlreiche beschwerliche Geschäftsreisen; „so auch an jenem 5. September 1954. Damals befand er sich in einer Super-Constellation der KLM auf dem Flug von Amsterdam nach New York, als die schwere Maschine nach einer nächtlichen Zwischenlandung kurz nach dem Start vom Flughafen Shannon (Irland) abstürzte und im Schlick versank. 28 der 56 Passagiere fanden bei diesem Absturz, über den die Weltpresse in teils sensationeller Aufmachung berichtete, den Tod. Wie durch ein Wunder, durch persönliche Umsicht und die Verkettung glücklicher Umstände gelang es Eitel Fritz Haver, der sich zuvor an der Rettung von Passagieren und Flugpersonal beteiligt hatte, den betäubenden Dämpfen der mit Benzin gefüllten Kabine zu entkommen und das rettende Ufer des Flusses zu erreichen . . . “
Gleichfalls nach dem Vorbild seines Vaters Fritz Haver stellte sich der Sohn und Nachfolger uneigennützig für zahlreiche Ehrenämter zur Verfügung. So ist er Vorstandsmitglied im Ausschuß für Agrarwirtschaft des BDI, der Vereinigung Europäischer Drahtwebereien in Brüssel, der Vereinigung der Drahtwebereien in Düsseldorf, Chairman des Technischen Komitees ISO/TC 24 in Genf, und stellv. Obmann des FNA Siebböden und Kornmessung im Deutschen Institut für Normung, Berlin. Presbyter der Ev. Kir-

Abbildung 27: Eitel Fritz Haver

chengemeinde zu Oelde war er von 1959 bis 1984, Mitglied der Landessynode der Ev. Kirche von Westfalen von 1969 bis 1984, seit 1972 als Vorsitzender des Ständigen Finanzausschusses der Ev. Kirche von Westfalen. Im lokalen Bereich hat Eitel Fritz Haver den persönlichen Einsatz stets für seine Pflicht gehalten. Seit Gründung des Stadtverbandes der CDU ist er dessen Vorsitzender, und ab 1979 vertritt er seine Partei als Ratsherr der Stadt Oelde und wirkt als Vorsitzender des Verkehrsausschusses an wichtigen kommunalen Entscheidungen mit.

Ausbau der Produktionskapazität

Schon 1937 hatte die Firma Haver & Boecker in Ahmenhorst bei Oelde einen Zweigbetrieb der Drahtweberei errichtet, der ebenfalls Schritt für Schritt modernisiert wurde[11]. Dieses Werk II wurde nach und nach weiter ausgebaut und nahm 1971 in einem großen modernen Neubau die gesamte Drahtweberei auf. Das Stammwerk im Zentrum Oeldes beherbergt heute im wesentlichen die seit 1925 betriebene Maschinenfabrik sowie Bereiche der allgemeinen Verwaltung[12].

„Nach dem Ende 1984 erfolgten Auszug der Drahtweberei aus dem bis dahin gemeinsamen Bürogebäude und Einzug in das neue Verwaltungsgebäude auf dem Gelände der Drahtweberei begann Anfang 1986 die Erweiterung des Bürohauses für die Maschinenfabrik am Carl-Haver-Platz, das termingerecht im Jubiläumsjahr bezogen wird.“[13]

Trotz aller Ausbaumaßnahmen in den beiden Oelder Werken traten bereits Anfang der 1960er Jahre Kapazitätsengpässe auf. Insbegsondere die Nachfrage aus den USA war so groß, daß bei weitem nicht die Mengen an Drahtgeweben zu liefern waren, die dort hätten verkauft werden können. Die Ausdehnung der Weberei stieß in jenen Jahren jedoch sehr bald an Grenzen, die durch den Mangel an Arbeitskräften gesetzt waren.

Zur Lösung dieses doppelten Problems, Ausbau der Fertigungskapazität und Rekrutierung der dazu nötigen qualifizierten Arbeitskräfte, ging man bei Haver & Boecker wiederum sehr unkonventionelle Wege. Im Sommer 1961 hatte sich in Oelde ein Textilweber aus Sendenhorst zur Arbeit in der Drahtweberei beworben. Dadurch kam man auf die Idee, ob nicht aus der unter Absatzschwierigkeiten leidenden Textilindustrie qualifizierte Weber zu gewinnen seien, die auch in der Drahtweberei eingesetzt werden könnten. Weitere Nachforschungen im nahe gelegenen Sendenhorst zeigten, daß diese Möglichkeit durchaus realistisch erschien, nur waren die meisten Textilweber dort ansässig, also wenig mobil, und zogen eine Tätigkeit in Sendenhorst einer solchen in Oelde vor.

Bereits am 21. Juli 1962 wurde deshalb mit der Gemeinde Sendenhorst ein Vertrag über den Kauf eines Grundstückes im dortigen Industriegelände geschlossen, um einen Zweigbetrieb der Drahtweberei zu errichten[14]. Die Drahtgewebeproduktion begann noch im Laufe des Jahres 1962, zunächst in den gemieteten Räumen einer früheren Drechsler-Werkstatt. Die Räumlichkeiten zur Umschulung der Textilweber zu Drahtwebern waren noch sehr primitiv und verbesserten sich auch durch den Umzug in eine ehemalige Schreinerwerkstatt nur

11 Vgl. weiter oben Kap. IV 1, S. 75 und über den Bau einer neuen Halle: Norbert Singer, Bauarbeiten voll im Zeitplan, *in:* HB-Kurier 1983, IV, S. 3.

12 Über das dort 1960 bezogene neue Verwaltungsgebäude berichtet ausführlich: Die Glocke, Freitag 13. Mai 1960, Sieben Stockwerke über der Erde. Firma Haver & Boecker bezog Mittwoch ihr neues Verwaltungsgebäude. Auch im Werk II ist inzwischen ein neues Verwaltungsgebäude entstanden, vgl. dazu: Ein neues Haus für die DW-Verwaltung, *in:* HB-Kurier 1983, IV, S. 5.

13 Vgl. dazu Bauarbeiten verlaufen zügig, *in* HB-Kurier 1986, II, S. 11.

14 Sendenhorst: Werk auf grüner Wiese, *in:* HB-Kurier 1976, III, S. 3.

Abbildung 28: Werk I Oelde, Carl-Haver-Platz

Abbildung 29: Werk II, Oelde-Ahmenhorst

Abbildung 30: Werk Sendenhorst

wenig. Im Juli 1963 konnte dann die Feinweberei in das neu errichtete Betriebsgebäude in Sendenhorst umziehen, und damit war auch dort eine effiziente, dem hohen Standard von Haver & Boecker entsprechende Produktionsanlage entstanden.

Das Sendenhorster Werk, für den Feingewebe-Export nach den USA konzipiert, wurde inzwischen auf Fliegengaze-Produktion umgestellt, um die dortigen Arbeitsplätze zu sichern. Denn die Feingewebeproduktion unterliegt starken konjunkturellen Schwankungen. Insbesondere die japanische Konkurrenz macht auf diesem Markt den europäischen Anbietern Schwierigkeiten.

Ähnliche Kapazitätsprobleme wie die Drahtweberei hatte auch die Maschinenfabrik. Auch hier entwickelte sich das Bedürfnis, die Fabrik räumlich und personell zu vergrößern. Über eine Zeitungsanzeige kam man Ende der 1960er Jahre mit der Firma J.A. Braun in Münster in Verbindung[15]. Dieses Unternehmen stellte dort Landmaschinen her, hatte 1964 eine neue Fabrik errichtet und war in der Rezession 1966/67 in geschäftliche Schwierigkeiten geraten. Mit diesem Unternehmen einigte sich Haver & Boecker sehr bald auf eine Übernahme, und schon am 4. Juli 1969 wurde der Kaufvertrag unterzeichnet. Damit trat das „Werk Münster" ins Leben.

Dort wurde zunächst das alte Produktionsprogramm der Firma Braun, ergänzt durch einige Teile aus dem Haver & Boecker Programm, gefertigt. 43 gewerbliche Beschäftigte der Firma nahmen das Übernahmeangebot von Haver & Boecker an. Die Mitarbeiterzahl sank von damals 150 auf 61 Beschäftigte, stieg dann jedoch schon bald wieder auf knapp 100 an. Die gesamte Organisation des neuen Werkes wurde im Laufe der Jahre der des Stammhauses in Oelde angepaßt. Die Fertigung landwirtschaftlicher Geräte und Maschinen wurde aufgegeben und dafür ein Teil des eigenen Produktionsprogramms, hauptsächlich Packmaschinen, mechanische und elektronische Waagen sowie Laborsiebmaschinen, nach dort verlegt.

Über all die Jahre der Umorganisation standen im Werk Münster die Probleme des Arbeitskräftemangels und der Personalfluktuation im Vordergrund. Ursache dafür bildete die besondere Beschäftigungssituation dieser Stadt, in der in den 60er und frühen 70er Jahren der dominierende öffentliche Dienst mit seinen sicheren und als angenehmer empfundenen Arbeits-

15 Werk Münster: Von der Landmaschine zur „Mondfähre", *in:* HB-Kurier 1986, III, S. 4–6.

Abbildung 31: Werk Münster

plätzen viele qualifizierte Mitarbeiter an sich zog. Der Konkurs der Landmaschinenfabrik Stille im Jahre 1970 ermöglichte dann die Übernahme von 24 gewerblichen Arbeitskräften sowie der gesamten Lehrwerkstatt mit 13 Auszubildenden und entlastete die Beschäftigungssituation zumindest kurzfristig ein wenig. Allerdings sah das Werk sich schon bald gezwungen, „Leihfirmen" einzuschalten und ausländische Arbeitskräfte, vor allem Italiener und Niederländer, zu beschäftigen. Inzwischen ist auch dieses Problem durch die verstärkte Ausbildung des eigenen Facharbeiternachwuchses behoben.

Zugang zu neuen Märkten

Waren die 1960er Jahre geprägt durch den Ausbau der inneren Produktionskapazität und die Angliederung zweier neuer Werke im Inland, so lassen sich die 1970er Jahre als einen Zeitraum charakterisieren, in dem Haver & Boecker nicht nur mit Produkten, sondern auch mit Produktionsanlagen Zugang zu neuen Märkten suchte.

In der Drahtweberei in Oelde und Sendenhorst schienen die Möglichkeiten, neue Mitarbeiter zu gewinnen, weitgehend erschöpft. Auch konnten über Jahre hinweg keine Auszubildende für den Beruf des Metallgewebemachers gefunden werden. Somit schien eine Ausdehnung der Drahtgewebeproduktion in der heimischen Industrie unmöglich.

Deshalb sah man sich bei Haver & Boecker wie auch in vielen anderen deutschen Unternehmen zu jener Zeit danach um, Standorte aufzuspüren, in denen Arbeitskräfte reichlich verfügbar waren. Wenn nicht die Menschen zu den Maschinen kamen, so mußten eben die Maschinen zu den Menschen gehen. Haver & Boecker glaubte, eine solche Situation in Portugal vorzufinden, wo mit der Companhia Previdente ein Partner zur Verfügung stand, der dem Unternehmen seit vielen Jahren bestens bekannt war und der bereits seit 1936 Drahtgewebe herstellte. 1973 trat Haver & Boecker mit der Companhia Predivente in Verhandlungen, und Ende des Jahres wurde ein Vertrag über die Gründung einer gemeinsamen Drahtweberei abgeschlossen[16].

16 PRETELA. Unser Werk in Portugal, *in:* HB-Kurier, 1976, I, S. 3, 6f.

Abbildung 32: Lage des portugiesischen Zweigwerkes

Abbildung 33: Werk PRETELA, Alverca im Industriepark IMP

Der portugiesische Partner, die Companiha Previdente, hatte bereits Anfang der 1960er Jahre die Feinwebstühle, das Know-How und die Kunden der Drahtweberei Fritz Lohse in Hanau übernommen und in seinen Produktionskomplex bei Alverca in Portugal überstellt. Diese Drahtwebstühle wurden nun in die neue, gemeinsame Firma PRETELA eingebracht, in die seitens Haver & Boecker ebenfalls Drahtwebstühle eingebracht wurden, die diese 1968 bei der Auflösung der Drahtweberei der Westfälischen Union, Hamm, übernommen hatte. Der Maschinenpark in Alverca, in der Nähe von Lissabon, umfaßte Mitte der 70er Jahre dann 74 Webstühle, die in von der Companiha Previdente gemieteten Räumen aufgestellt waren.

Die Produktion in Portugal wurde zu einem Zeitpunkt aufgenommen, als in der Drahtgewebeindustrie Hochkonjunktur herrschte. Es bestand die Schwierigkeit, genügend Draht für die Anlage in Alverca zu beschaffen. Ende 1974/75 trat zu den Problemen, die durch die Revolution in Portugal ausgelöst worden waren, auch noch ein starker Konjunktureinbruch. Dadurch wurde es in den folgenden Jahren schwerer, genügend Aufträge für die Auslastung der Anlage in Portugal hereinzubringen. Mit der Stabilisierung der politischen Verhältnisse in Portugal und einer Besserung auf den Weltmärkten ab Mitte der 1970er Jahre entwickelte sich dann aber auch das Unternehmen in Portugal wieder positiv.

Mit ähnlichen Problemen wie die Drahtweberei war auch die Maschinenfabrik der Firma Haver & Boecker in den 70er Jahren konfrontiert. Nicht nur, daß die Expansionsmöglichkeiten in Deutschland begrenzt waren, sondern auch Märkte in anderen Weltregionen expandierten in einer Weise, die eine Teilhabe an diesem Wachstum nur „vor Ort" realistisch erscheinen ließ. Die Wahl fiel aus verschiedenen Gründen auf Brasilien, weil dort ein interessanter Markt für die Produkte von Haver & Boecker zu erhalten und zu pflegen war[17].

Gemeinsam mit der Firma Bernhard Beumer aus Beckum, mit der seit ihrer Gründung 1935 enge und freundschaftliche Beziehungen gepflegt werden, wurde 1973 die Firma Haver & Beumer Latinoamericana gegründet, die 1975 in von der Westfalia Separator do Brasil gemieteten Räumen in Sumare bei Campinas in Brasilien die Fertigung aufnahm. Hergestellt werden vor allem Pack- und Verladeanlagen sowie Fördereinrichtungen, deren Bedarf in diesem Lande sehr groß ist. Der Anfang dort war schwer, vor allem auch, weil die gemieteten Hallen noch nicht ganz fertiggestellt waren. Ende 1975 betrug die Mitarbeiterzahl jedoch schon 25 Personen, und im Frühjahr 1976 waren es bereits 50.

Der Produktionsstandort Campinas liegt etwa 100 km von Sao Paulo entfernt und ist mit dieser größten Stadt Brasiliens durch eine Autobahn und eine Eisenbahnstrecke verbunden. Die Stadt zählt heute über 400.000 Einwohner und verfügt über die entsprechende Infrastruktur einer modernen Großstadt.

Ende 1976 wurde dort auf einem angekauften Gelände in Monte Mor mit dem Bau eigener Fabrikationshallen begonnen. Diese wurden 1977 mit einem festlichen Akt eingeweiht und in Betrieb genommen[18].

Mit dieser Neugründung war der Prozeß der Expansion von Haver & Boecker in neue Märkte aber noch nicht abgeschlossen. Im gleichen Jahr, in dem das neue Werk in Brasilien eingeweiht wurde, hat Haver & Boecker auch in England mit einer eigenen Produktionsstätte Fuß gefaßt. Dort war eine alteingesessene Drahtweberei von einem Konzern übernommen worden. Betriebliche Umstellungen und unterschiedliche Auffassungen über die Fortführung des alten Unternehmens hatten dann zum Ausscheiden zahlreicher qualifizierter Mitarbeiter geführt. Haver & Boecker nahm daraufhin die Chance wahr, mit Hilfe dieser Fachleute „auf der grünen Wiese" in Warrington ein neues Unternehmen, die H & B Wire Fabrications als

17 Wir produzieren jetzt auch in Brasilien. Bernhard Woestpeter berichtet über Sumare, *in:* HB-Kurier 1986, I, S. 4f.

18 Heinz Renk, Das Werk Monte Mor wurde eingeweiht. Neue Produktionsstätte in Brasilien fertiggestellt, *in:* HB-Kurier 1977, IV, S. 3–6.

Abbildung 34: Lage des brasilianischen Zweigwerkes

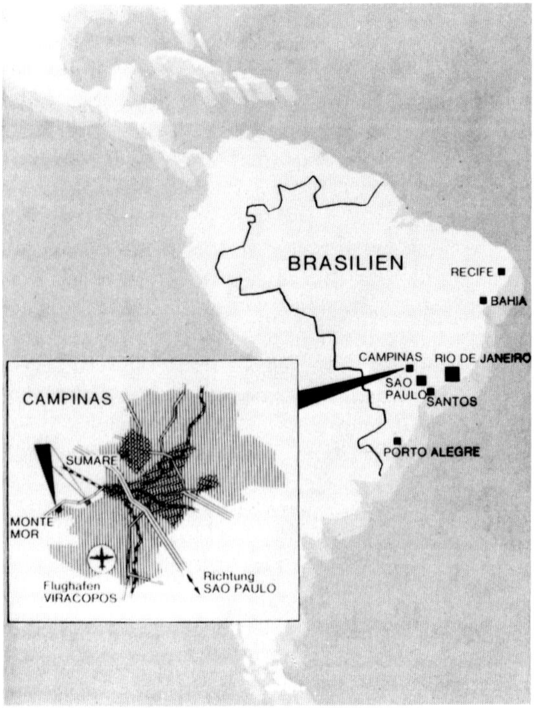

Abbildung 35: Werk Monte Mor

„joint venture" zu gründen. Mit knapp fünfzig Mitarbeitern wurde bereits 1977 die Herstellung von Drahtgeweben und geschweißten Drahtartikeln in England begonnen, nachdem einige Drahtwebstühle aus dem Stammwerk dorthin verbracht worden waren. Die Produktion dieses Werkes in der Hochburg der englischen Drahtgewebeindustrie wird fast ausschließlich im Vereinigten Königreich verkauft.

Darüber hinaus wurde 1979 in Belgien die Haver Belgium S.A. geschaffen. Sie produziert in Fléron bei Lüttich Drahtsiebböden aus Federstahl. Zur Gründung dieses Betriebes war es gekommen, als eine kleine, dort bereits seit mehr als hundert Jahren bestehende Drahtweberei in Konkurs ging, nachdem das Werk bereits mehrmals den Besitzer gewechselt hatte. Dieses Unternehmen wurde Haver & Boecker durch deren Handelsvertreter zum Kauf angeboten und dann vom Konkursverwalter – so wie es bestand – erworben. Die Geschäftsführung wurde jedoch nicht ausgewechselt, und die bisherigen Handelsvertreter traten mit in die Geschäftsleitung ein. Der Verzicht auf eine Reorganisation des Unternehmens erwies sich jedoch im Nachhinein als Fehler, denn die weiterhin bestehende Mißwirtschaft führte zu beachtlichen Verlusten. Erst als zwei junge Leute aus Oelde die Reorganisation des Unternehmens in die Hand nahmen, besserte sich die Lage.

Hier hat Haver & Boecker viel Lehrgeld bezahlen müssen. Auf der grünen Wiese einen neuen Betrieb zu errichten ist, wenn die Finanzierung gesichert ist, relativ einfach. Sich an einem gutgehenden Industrieunternehmen gleicher Branche zu beteiligen, ist auch nicht schwierig, weil man viele Fakten austauschen kann. Wehe dem aber, der aus einem Konkurs eine heruntergewirtschaftete Firma übernimmt. Bei abgeschalteter Energieversorgung können die Maschinen weder im Leerlauf noch unter Last gefahren werden. Die Arbeitsmoral ist nicht gut, die Kunden sind an billigste Preise und Ausverkaufsangebote gewöhnt. So hat es auch mehr als drei Jahre gedauert, bis mit einer neuen Mannschaft dieser Betrieb aus den roten Zahlen herauskam.

2. Arbeitsverhältnisse und Arbeitnehmerschaft

Das deutsche „Wirtschaftswunder" prägte in der Nachkriegszeit auch die Arbeits- und Lebensbedingungen der Mitarbeiter bei Haver & Boecker. Nach zögerlichem Beginn in der unmittelbaren Nachkriegszeit setzte die deutsche Wirtschaft Anfang der fünfziger Jahre zu einem bis dahin nicht erlebten Aufschwung an, der Mitte der 70er Jahre aufgrund verschiedener Ursachen auf hohem Niveau zumindest vorübergehend zum Stillstand kam[19].

Die ökonomische Situation bei Haver & Boecker entwickelte sich bereits in den späten 1940er Jahren sehr günstig. Der Mitarbeiterstamm stieg sehr schnell wieder auf den Umfang der Vorkriegszeit an und überschritt den Vorkriegshöchststand, der mit 332 Mitarbeitern im Jahre 1939 erreicht worden war, bereits 1948, als 351 Personen bei Haver & Boecker Beschäftigung fanden. Von da an stieg die Beschäftigtenzahl kontinuierlich weiter an und hat in der Gegenwart die Tausendergrenze bereits deutlich überschritten. Auffällig und für die Entwicklung der Firma bezeichnend ist jedoch, daß die Zahl der Arbeiter bereits Mitte der fünfziger Jahre fast 500 betrug und seitdem über ein Jahrzehnt lang stagnierte, bis sie in der Gegenwart – u.a. wegen des Aufbaues der Werke in Sendenhorst und Münster – wieder eine Ausweitung auf ca. 700 Personen erfahren hat, während die Zahl der Angestellten im gesamten Zeitraum kontinuierlich weiter angestiegen ist. Standen 1955 einer Zahl von 469 Arbeitern nur 83 Angestellte gegenüber, so gestaltete sich 1984 das Verhältnis 700 : 368, d.h., der Angestelltenanteil stieg in diesen Jahren von 18 auf 53 %.

In diesen Zahlen spiegelt sich ein Strukturwandel in der Mitarbeiterschaft von Haver & Boecker wider, der zurückzuführen ist auf den weiter oben beschriebenen Wandel des Unternehmens von einem Unternehmen mit Massenproduktion zu einem Anbieter intelligenter Produkte mit internationalen Verflechtungen, von einer ländlichen Drahtweberei mit Maschinenproduktion zu einem vielgliedrigen internationalen Unternehmen.

19 Allgemein dazu Werner Abelshauser, Wirtschaftsgeschichte der Bundesrepublik.

Tabelle 11: Mitarbeiter von Haver & Boecker, 1945–1986

Jahr	Arbeiter	Angestellte	davon Auszubildende	insgesamt
1945	163	42	33	205
1946	252	51	30	303
1947	252	61	23	313
1948	281	70	24	351
1949	308	63	27	371
1950	305	65	29	370
1951	313	65	29	378
1952	295	72	31	367
1953	312	71	38	383
1954	381	76	39	457
1955	469	83	57	552
1956	448	91	64	539
1957	477	97	71	574
1958	469	104	68	573
1959	500	123	65	623
1960	488	134	56	622
1961	480	144	56	624
1962	485	151	44	636
1963	483	160	47	643
1964	468	173	48	641
1965	459	177	50	636
1966	453	186	46	639
1967	459	200	45	659
1968	478	192	42	670
1969	537	209	55	746
1970	581	226	75	807
1971	580	242	79	822
1972	576	259	78	835
1973	557	265	80	822
1974	603	283	115	886
1975	605	287	127	889
1976	602	295	110	897
1977	634	308	133	942
1978	636	308	129	944
1979	642	319	134	961
1980	688	335	142	1.023
1981	702	352	138	1.054
1982	698	362	130	1.060
1983	698	356	116	1.054
1984	700	368	117	1.068
1985	712	392	120	1.104
1986	733	402	119	1.135

Die verstärkte Mechanisierung und Automatisierung der Drahtgewebeproduktion hat auch bei Haver & Boecker zur Einsparung zahlreicher gewerblicher Arbeitsplätze geführt. Hatte früher ein Drahtweber einen einzigen Webstuhl bedient, bei breiteren Webstühlen sogar unterstützt durch einen oder gar zwei Gehilfen, so begann man bei Haver & Boecker schon 1923 bei der Fliegengaze-Fertigung und 1937 bei den Feindrahtgeweben damit zu experimentieren, mehrere Webstühle von nur einem Drahtweber bedienen und beaufsichtigen zu lassen. Zunächst konnte ein Weber zwei, dann vier und schließlich sogar acht Feinwebstühle allein bedienen[20], eine Rationalisierung, die den Bedarf an Arbeitskräften natürlich stark reduzierte.

Trotz dieser Rationalisierungseffekte fehlte es während der enormen Expansion der Firma in den späten 50er und 60er Jahren an Arbeitskräften. Hubert Kahlmeier berichtet über den Mangel an Arbeitskräften in diesen Jahren[21]:

> „da mußten wir hinterher laufen, wenn da irgendeiner krank war, bin ich hingefahren . . . habe gute Worte gegeben, dann haben sie gekündigt, dann sind sie doch wieder geblieben und zuletzt hauten sie doch wieder ab. Da war es ganz schlecht, da hatten wir überhaupt keine Lehrlinge, die ganze Zeit nicht."

Den Beruf des Drahtwebers wollte niemand mehr erlernen, denn es boten sich offenbar attraktivere Positionen auf dem heimischen Arbeitsmarkt. Seit den 60er Jahren wurde die Lehrlingsausbildung verstärkt und systematisiert betrieben mit der Folge, daß sich der Anteil der Lehrlinge seitdem deutlich erhöht hat.

Schon 1942 war die in der Maschinenfabrik in Oelde eingerichtete Lehrecke in eine Lehrwerkstatt mit ca. 25 Plätzen umgewandelt worden. 1953 zog die Lehrwerkstatt dann in größere Räume um, und 1969 wurde auch im Werk Münster eine eigene Lehrwerkstatt eingerichtet, die 1970 nach dem Konkurs der Landmaschinenfabrik Stille um deren gesamte Lehrwerkstatt mit 13 Auszubildenden erweitert wurde. Auch wird den Lehrlingen als Ergänzung zur Berufsschule durch die Firma theoretischer Unterricht in einer eigenen Werkschule erteilt, so daß die Prüfungsergebnisse der Auszubildenden von Haver & Boecker am Ende der Ausbildungszeit immer überdurchschnittlich gut sind[22].

Gegenwärtig sind mehr als zehn Prozent aller Belegschaftsmitglieder Auszubildende, wobei die Mehrzahl als Maschinenschlosser, Metallgewebemacher und Industriekaufmann ausgebildet wird[23]. Damit können für die Hauptproduktionsbereiche und die Verwaltung die Nachwuchskräfte aus den eigenen Reihen rekrutiert werden.

Der sinkende Anteil der gewerblichen Arbeitskräfte bei Haver & Boecker spiegelt aber nicht nur den Strukturwandel in der Produktionspalette und die Mechanisierung der Produktion wider, sondern auch die Verknappungstendenzen auf dem Arbeitsmarkt der 60er Jahre. Hier hatte das Unternehmen ja bereits Aktivitäten entfaltet, um dem Problem mangelnder Arbeitskräfte zu begegnen, indem die Produktion umorganisiert und dann z.T. in Regionen verlagert wurde, in denen noch Arbeitskräfte zu finden waren: zunächst der Einsatz von

20 Auskunft von Hubert Kahlmeier (geb. 1911) vom 31.7.1986. Vgl. auch HB-Kurier 1977, II, S. 5, mit einem Bild der Auskunftsperson. Zu dieser technischen Entwicklung vgl. auch: 90 Jahre . . . , *in:* HB-Kurier 1977, II, S. 6.

21 Auskunft von Hubert Kahlmeier (geb. 1911) vom 31.7.1986.

22 Der gegenwärtige Geschäftsführer der Drahtweberei, Eitel Fritz Haver, hat im Auftrag der Bundesanstalt für Arbeit das Anforderungsprofil für den Beruf des Metallgewebemachers, wie die Drahtweber heute bezeichnet werden, ausführlich beschrieben. Vgl. Blätter zur Berufskunde, hg. von der Bundesanstalt für Arbeit 1–IV, B 805, 1979.

23 1976 waren von 140 Lehrlingen, die am 1. August im gesamten Unternehmen tätig waren, 64 Maschinenschlosserlehrlinge (45 %), 27 Industriekaufmannslehrlinge (20 %) und 20 Metallgewebemacherlehrlinge (15 %), d.h., diese drei Berufe machten 80 % aller Lehrlinge aus. Vgl. dazu: Von der Lehre zur Ausbildung. Die Ausbildung der Nachwuchskräfte bei Haver & Boecker, *in:* HB-Kurier, 1976, III, S. 8.

Frauen, dann Produktionsverlagerung nach Sendenhorst und Münster im Inland und schließlich nach Portugal und Brasilien jenseits der Grenzen.

Schon früh wurde auch am Standort Oelde versucht, zusätzliche Arbeitskräfte zu mobilisieren. Bereits in den ersten Nachkriegsjahren wurden auch Frauen als angelernte Drahtweberinnen, vor allem in der Feinweberei, eingesetzt[24]. Vor dem Krieg hatten Frauen nur vereinzelt bei der Vorbereitung des eigentlichen Webvorganges, vor allem beim Aufsetzen, Spulen und Einziehen, Arbeit gefunden. Jetzt, nachdem der Webvorgang weitgehend mechanisiert worden war, wurden sie auch in der eigentlichen Produktion beschäftigt.[23] Nach einiger Zeit wurden in der Feinweberei fast ausschließlich Frauen eingesetzt. Hubert Kahlmeier, der Meister der Feinweberei, erinnert sich[25]:

> „ . . . das kam ja, wo wir die Feinstühle hatten, da waren viele Frauen . . . es wurde immer so gedreht, daß sie noch nicht ein vollständiger Ersatz waren, obschon sie machten teils ihre Arbeit, aber sie konnten nicht selbständig arbeiten. Wenn irgendwo was war, dann mußte halt wieder einer eingreifen, ein Vorarbeiter, ein Meister oder sonst irgendjemand.“

Bald war aber auch die Möglichkeit erschöpft, durch die zusätzliche Beschäftigung von Frauen den Mangel an Arbeitskräften auszugleichen, zumal die Substitution der Männer- durch Frauenarbeit in den Produktionsbereichen außerhalb der Feinweberei nur in sehr begrenztem Maße möglich war. Deshalb suchte Haver & Boecker auch hier nach neuen Wegen.

So kam es, daß in den Jahren ab 1961 und 1962 insgesamt 38 griechische Gastarbeiter nach Oelde kamen. Diese wurden überwiegend in der Drahtweberei eingesetzt, wo Meister Karl Thon für ihren Arbeitseinsatz verantwortlich war. Über die anfänglichen Schwierigkeiten mit den Gastarbeitern berichtet dieser[26]:

> „ . . . und dann haben wir 61/62 ein Kontingent von Griechenland als Hilfsarbeiter, Griechen, 38 Griechen kamen 1961 bei Haver & Boecker an. Da wurde dann eine Unterkunft gebaut. . . . Ein Teil kam in die Schlosserei, aber der größte Teil in die Weberei, weil da die meisten der gelernten Kräfte durch den Krieg ausgefallen waren, die fehlten. Und das war ja das Schwerste . . . kein Wort Deutsch sprachen die . . . Aber das waren nette Leute. Man hatte immer das Gefühl, daß die da ganz gut mit fertig wurden.“

Ähnlich erinnert sich Hubert Kahlmeier an die ersten Gastarbeiter[27]:

> „ . . . hatten wir auch, sind auch heute noch welche von da. Das sind manchmal 17 bis 20 Jahre schon, wo die da sind, Griechen, gute Arbeiter sind das, sehr gute Arbeiter. . . Die Sprache haben sie auch mit der Zeit gelernt . . . “.

Nicht zuletzt auch wegen der günstigen Verdienstmöglichkeiten waren die Gastarbeiter bereit, sich den ungewohnten Arbeitsanforderungen im fremden Land zu unterwerfen. Die Einkommenssituation der deutschen Bevölkerung und natürlich auch die der Mitarbeiter bei Haver & Boecker hatte sich ja in der Zeit seit dem Zweiten Weltkrieg ständig verbessert. Einen Einblick in diese Entwicklung gibt das Ansteigen der Tarif-Ecklöhne der Drahtweber seit 1948, wobei die effektiven Stundenlöhne noch deutlich höher lagen.

24 Auskunft von Bernhard Kleinhaus (geb. 1912) vom 31.7.1986 und von Hermann Jasper (geb. 1908) vom 31.7.1986.
25 Auskunft von Hubert Kahlmeier (geb. 1911) vom 31.7.1986.
26 Auskunft von Karl Thon (geb. 1908) vom 24.7.1986
27 Auskunft von Hubert Kahlmeier (geb. 1911) vom 31.7.1986

Tabelle 12: Tarifecklöhne* der Metallindustrie 1948–1987

Jahr	DM pro Stunde	Jahr	DM pro Stunde
1948	1,02	1970	4,54
1949	1,10	1971	5,04
		1972	5,42
1950	1,18	1973	5,88
1951	1,32	1974	6,53
1952	1,38		
1953	1,48	1975	7,09
1954	1,56	1976	7,47
		1977	7,99
1955	1,70	1978	8,39
1956	1,77	1979	8,75
1957	1,84		
1958	1,95	1980	9,35
1959	1,99	1981	9,81
		1982	10,22
1960	2,35	1983	10,55
1961	2,47	1984	10,90
1962	2,71		
1963	2,84	1985	11,56
1964	2,93	1986	12,07
		1987	12,52
1965	3,26		
1966	3,46		
1967	3,63		
1968	3,94		
1969	4,06		

* Lohngruppe 7, Facharbeiter-Ecklohn ohne Leistungszuschläge etc.

Für die Beschäftigten war von besonderer Bedeutung, daß die Produktivitätssteigerung ihrer Arbeit nicht nur in steigenden Löhnen, sonder auch in sinkenden Arbeitszeiten ihren Ausdruck fanden. Steigender Wohlstand verband sich so mit mehr Freizeit und hob ganz entscheidend die Lebensqualität.

Bereits 1945 arbeitete die Belegschaft der Drahtweberei bei Haver & Boecker 48 Stunden[28], ganz im Gegensatz zu weiten Bereichen der übrigen Industrie, in der die Produktion noch längst nicht wieder voll in Gang gekommen war. In der gesamten Industrie lag die durchschnittliche Wochenarbeitszeit 1946 noch unter 40 Stunden[29].

Anfang der 1950er Jahre arbeitete dann die Arbeiterschaft voll, nämlich 48 Stunden pro Woche, und dann setzten tarifpolitische Aktivitäten ein, die Wochenarbeitszeit zu reduzie-

Tabelle 13: Tatsächliche Wochenarbeitszeit der gewerblichen Arbeitnehmer in der Industrie 1945–1982

Jahr	Stunden	Jahr	Stunden
1946	39,5	1965	44,3
1948	42,2	1970	44,0
1950	48,0	1975	40,5
1952	47,5	1980	41,6
1955	48,8	1982	40,7
1960	45,6		

28 British Intelligence . . . , S. 32.

29 Edwind Schudlich, Vom Konsens zum Konflikt. – Arbeitzeiten und Arbeitszeitpolitik in der Bundesrepublik Deutschland –, *in:* WSI-Mitteilungen, 1986/7, S. 491–498.

ren, die bis in die Gegenwart andauern und heute, nachdem die $38^1/_2$ Stunden-Woche erreicht ist, eine Arbeitszeit von 35 Stunden pro Woche anvisieren.

Nicht unwesentlich zum guten Betriebsklima bei Haver & Boecker in der Nachkriegszeit haben zweifellos die guten Löhne und die Sozialleistungen des Unternehmens beigetragen. Hinsichtlich der Sozialleistungen ist neben den Unterstützungen der Carl-Haver-Stiftung vor allem die HB-Altersversorgung zu nennen, die bereits 1950 eingerichtet wurde.

Die erste Fassung der betrieblichen Altersversorgung trat zum 1. Januar 1951 in Kraft und wurde aufgrund der veränderten gesetzlichen Vorschriften mit unwesentlichen Änderungen am 25. Oktober 1959 neu gefaßt[29a]. Dadurch erhielten alle Betriebsangehörigen nach mindestens zehnjähriger Betriebszugehörigkeit und nach Vollendung des 35. Lebensjahres einen Anspruch auf eine betriebliche Invaliditäts-, Witwen- oder Altersrente. Die Leistungen waren beachtlich und konnten bis zu sechzehn Prozent des Bruttolohnes betragen. Von besonderer Bedeutung war die schon 1950 festgelegte „Rentendynamik" dieser Leistungen, d.h. zu einem Zeitpunkt, als eine solche Regelung in der staatlichen Sozialversicherung noch nicht einmal diskutiert wurde. Absatz 8 der Fassung von 1950 besagte nämlich:

> „Das laufende Ruhegeld erhöht oder ermäßigt sich entsprechend den gültigen Gehalts- und Lohntarifen."[29b]

Eine Zusammenstellung der Leistungen der Altersversorgung von Haver & Boecker seit 1951 zeigt, welchen gewaltigen Umfang diese freiwilligen Sozialleistungen heute angenommen haben. 1985 wurde mehr als eine halbe Million Mark an die Pensionäre gezahlt.

Tabelle 14: Leistungen der Altersversorgung von Haver & Boecker, 1951–1986 (in DM)

Jahr	Zuführung zur Rückstellung	Zahlung an Pensionäre	Gesamtaufwendungen Altersversorgung	Rückstellung zur Altersversorgung
1951	171,7	–	171,7	172
1952	60,0	–	60,0	232
1953	99,1	11,6	110,7	331
1954	64,3	13,3	77,6	404
1955	81,9	13,3	95,2	477
1956	103,9	13,4	117,3	589
1957	98,1	16,0	114,1	679
1958	68,0	18,8	86,8	747
1959	94,7	20,8	115,5	842
1960	43,2	23,1	66,3	841
1961	79,4	27,0	106,4	921
1962	102,7	29,3	132,0	1.023
1963	109,1	30,6	139,7	1.132
1964	135,3	37,1	172,4	1.267
1965	118,1	38,3	156,4	1.381
1966	152,7	43,7	196,4	1.534
1967	168,1	50,0	218,1	1.702
1968	186,9	57,2	244,1	1.889

29a Zweite Fassung der betrieblichen Altersversorgung der Kommanditgesellschaft Haver & Boecker, Oelde.

29b Ebd., Abs. 8.

1969	334,6	82,8	417,4	2.224
1970	438,7	90,5	529,2	2.662
1971	257,0	117,8	374,8	2.920
1972	327,2	149,8	477,0	3.247
1973	468,5	148,6	617,1	3.715
1974	1.223,6	198,0	1.421,6	4.939
1975	624,4	237,4	861,8	5.564
1976	598,7	288,9	887,6	6.162
1977	547,1	348,8	895,9	6.709
1978	555,7	359,3	915,0	7.265
1979	494,3	372,1	866,4	7.759
1980	843,2	386,0	1.229,2	8.603
1981	889,0	400,2	1.289,2	9.492
1982	145,0	441,7	586,7	9.637
1983	1.365,8	469,1	1.834,9	11.003
1984	865,6	503,8	1.369,4	11.869
1985	777,9	535,4	1.313,3	12.647
1986	1.116,2	589,1	1.705,3	13.763

Die Arbeitsbeziehungen zwischen Geschäftsführung und Beschäftigten in der Firma Haver & Boecker blieben in der Nachkriegszeit wohl auch wegen der betrieblichen Sozialleistungen insgesamt weiterhin gut, wenn auch einige kleinere Störungen nicht vermieden werden konnten. Im Rahmen der gewerkschaftlichen Kampagnen für eine Verkürzung der Arbeitszeiten in der Metallindustrie kam es 1981 zu einem kurzen Warnstreik während der Mittagspause, der die Firma in einer nicht sehr günstigen Zeit traf. Dieser Streik hatte keine unmittelbaren Auswirkungen für das Unternehmen, denn die Streitfragen wurden im Rahmen der Tarifverhandlungen zwischen den betroffenen Verbänden geregelt.

Unmittelbar betroffen war die Geschäftsführung durch Unstimmigkeiten, die sich mit dem Betriebsrat des neuen Werkes in Münster Anfang der 1980er Jahre ergaben. Dort ging vor allem der Betriebsratsvorsitzende auf Konfrontationskurs gegenüber der Geschäftsleitung. Nach Ausscheiden dieses Mitarbeiters aus dem Unternehmen und der Wahl eines neuen Betriebsrates haben sich aber die Wogen schnell wieder geglättet[30].

3. Produktion und Absatz

Stärker noch als in der Zwischenkriegszeit war die Entwicklung der Firma Haver & Boekker nach dem Zweiten Weltkrieg durch eine Expansion charakterisiert. Die Integration der bundesdeutschen Wirtschaft in die Weltwirtschaft schuf sowohl für die Drahtweberei als auch für die Maschinenfabrik zahlreiche neue Absatzmöglichkeiten, die von der Unternehmensführung zielstrebig genutzt wurden. Diese Entwicklung schlägt sich auch deutlich in den Entscheidungen und Strategien des Unternehmens nieder, die nun im folgenden dargestellt werden sollen. Natürlich fanden sie auch ihren Niederschlag in den finanziellen Verhältnissen und im Geschäftsergebnis des Unternehmens, worauf abschließend kurz einzugehen sein wird.

30 Vgl. dazu: Klärung in Münster, *in:* HB-Kurier 1986, II, S. 5.

Produktion und Produktivität

Der langfristige Erfolg eines Unternehmens hängt in der Regel auch von Verbesserungen auf der Produktionsseite ab, d.h. von Innovationen und Produktivitätssteigerungen innerhalb der Produktion. Üblicherweise verwendet man die Veränderung des Umsatzes pro Beschäftigten als ein Maß für die Produktivitätsentwicklung eines Unternehmens[31]. Im Falle der Firma Haver & Boecker erhöht sich diese Maßzahl für den Zeitraum von 1950 bis 1975 von ca. 17.800 auf 98.600 DM pro Beschäftigten, oder anders ausgedrückt, um über 450 Prozent. Mittels eines Preisindexes können diese Zahlen um die „reinen Geldwertveränderungen" bereinigt werden, was einem realen Zuwachs von ca. 115 Prozent für den betrachteten Zeitraum entspricht. Dieser Zuwachs läßt sich offensichtlich nicht auf Arbeitszeitverlängerung zurückführen, denn im Zeitraum 1950 bis 1975 reduzierte sich die durchschnittliche Wochenarbeitszeit um etwa 20 Prozent[32]. Ein Teil des Produktivitätszuwachses kann sicherlich dem Strukturwandel der Belegschaft in Richtung auf eine höhere Qualifikation der Arbeitskräfte zugeschrieben werden, denn in diesem Zeitraum wuchs der Anteil der höher qualifizierten Angestellten von 18 auf 32 Prozent der Gesamtbeschäftigten. Soweit jedoch Einkommensdifferenzen diese unterschiedlichen Qualifikationen reflektieren – nach gängigen Theorien sollen sie genau das tun – bleibt ein Rest des Produktivitätszuwachses unerklärt, weil die geschätzten Arbeitseinkommen im Untersuchungszeitraum nicht ganz so stark gewachsen sind wie die Produktivität, nämlich nur um 358 im Vergleich zu 454 Prozent[33]. Dieser „Rest" kann durch verschiedene Faktoren bestimmt sein, z.B. durch einen vermehrten und qualitativ verbesserten Einsatz von Sachkapital pro Arbeitskraft, durch den verbesserten Materialeinsatz, durch eine effizientere Organisation oder, was am wahrscheinlichsten erscheint, aus all diesen Faktoren zugleich. Webautomaten mit verdreifachter Arbeitsgeschwindigkeit verbesserten z.B. das Sachkapital, ein eigenes Werkslabor zur Qualitätsprüfung der verarbeiteten Drähte verbesserte den Materialeinsatz.

Zur Einordnung dieser Produktivitätssteigerung auf der Unternehmensebene sind einige Vergleichszahlen verschiedener Branchen von Nutzen. Tabelle 15 präsentiert solche Zahlen für Industrie und Bergbau insgesamt sowie für die Maschinenbaubranche für den Zeitraum 1950 bis 1980.

Die Zahlen der Tabelle 15 führen zu einer gewissen Relativierung der Entwicklung bei Haver & Boecker. Nach diesen Zahlen wäre die Leistungsentwicklung dieses Unternehmens eher als typisch für deutsche Industrieunternehmen insgesamt anzusehen. Das kann seinen Erfolg jedoch nicht schmälern, denn die Leistung der deutschen Wirtschaft in dieser Periode war im internationalen Vergleich betrachtet recht eindrucksvoll[34].

Man kann auch die Entwicklung in Deutschland in der Nachkriegszeit mit den vorausgehenden Perioden vergleichen. An den preisbereinigten Daten gemessen erscheint die durchschnittliche Produktivitätssteigerung in den Jahren zwischen 1950 und 1975 auch deutlich höher als zwischen 1897 und 1929, nämlich 4,6 Prozent gegenüber 3,4 Prozent jährlich in der früheren Periode[35].

31 Vgl. z.B. Rolf Hoffmann, Bilanzkennzahlen, Köln 1967, S. 237–248.

32 Vgl. Tabelle 13, S. 122/123.

33 Angaben über Personalstruktur und Einkommen der Beschäftigten, mitgeteilt von der Firma Haver & Boecker. Vgl. auch Kap. V 2, Tabelle 12, S. 121.

34 Nach Angus Maddison, Phases of Capitalist Development, Oxford 1982, S. 96, hat 1950–79 nur Japan unter 16 Industrieländern eine größere Produktivitätssteigerung als die BRD erfahren.

35 Umsatz pro Beschäftigtem im arithmetischen Durchschnitt für den Untersuchungszeitraum.

Tabelle 15: Umsatz pro Beschäftigtem im Wirtschaftssektor Industrie und Bergbau, in der Branche Maschinenbau und bei Haver & Boecker, 1950–1985

Jahr	Industrie- und Bergbau DM	Maschinenbau DM	Haver & Boecker DM
1950	16.600		18.752
1957	27.500		32.577
1960	33.000		37.246
1967	48.500		52.281
1970	66.200		63.274
1973		66.941	80.106
1974		73.804	88.315
1975	103.900	80.524	108.949
1976		92.814	117.094
1977		99.426	110.719
1978		104.634	109.765
1979		110.067	122.306
1980	156.200	119.903	130.751
1981		122.803	132.583
1982		131.212	134.793
1983		136.839	134.437
1984		150.013	149.655
1985		165.428	149.959

Quellen:
1. Statistisches Jahrbuch für die B.R. Deutschland 1959–1985
2. Institut für Wirtschaftsforschung München, ifo-Investitionsbericht 320 „Maschinenbau"
3. Eigene Berechnungen aufgrund von Daten, mitgeteilt von Haver & Boecker

Dieses Zahlenbeispiel erscheint hilfreich, bleibt jedoch angreifbar. Es ist klar, daß die Zahlen für die Jahre 1975 oder 1980 Produktleistungen erfassen, welche Haver & Boecker 1950 oder früher gar nicht angeboten hat. Daher kann der o.a. Preisindex nicht ohne weitere Modifikation die Produktion des Jahres 1950 mit 1975 oder 1980 vergleichbar machen[36]. Weiter oben ist schon der entscheidende Begriff „Produktinnovation" verwandt worden. Er beschreibt vermutlich einen wesentlichen Teil des bei Haver & Boecker seit dem 2. Weltkrieg erzielten technischen Fortschritts. In den Unternehmenspublikationen am Ende der 1970er Jahre finden sich zahlreiche Produkte, wie z.B. die Haver Ventilsack-Packmaschinen BBV (1954), der Haver Roto-Packer (1960) oder die Rollo-Pack- und Rollo-Sack-Automaten, die vor 1950 gar nicht existierten. Dasselbe gilt für das Produktionsprogramm der Drahtwebereien, z.B. hinsichtlich der Herstellung von Drahtgewebe-Formteilen, Spinndüsenfilter, Poro-

36 Streng genommen müßte man herausfinden, welche Arbeitsleistungen der neuen Produkte von welchen älteren Produkten zu welchen Preisen im Jahre 1950 erbracht worden sind. Diese älteren Produkte müßten dann in den Preisindex als „Komponente" der neuen Produkte auftreten. Einen Weg zur Berücksichtigung dieser Qualitätsveränderungen bieten die sogenannten „Hedonic Price Indices", die aber sehr zeitaufwendig zu berechnen sind. Vgl. hierzu D. Usher, The Measurement of Economic Growth.

plate Drahtgewebe-Laminat, Analysen-Sieben und Laborsiebmaschinen oder auch für die Fliegengaze aus Kunststoff. Mit großem Aufwand ließe sich möglicherweise der Beitrag zumindest einiger dieser neuen Produkte zum Produktivitätszuwachs und zum technischen Fortschritt abschätzen. An dieser Stelle läßt sich nur sagen, daß die o.a. Produktivitätszahlen diesen Produktverbesserungen nicht genügend Rechnung tragen, d.h. jene Zahlen stellen höchstwahrscheinlich erhebliche *Unter*schätzungen des tatsächlich erzielten technischen Fortschritts im Unternehmen dar.

Neben diesen Produkinnovationen hat es bei Haver & Boecker auch Verbesserungen der Produktionsmethoden, d.h. Prozeßinnovationen, gegeben. An dieser Stelle läßt sich erneut auf die positive Rolle der Elektrizität und die Elektrifizierung des Betriebes hinweisen[37]. Positiv wirkte sich auch die Verwendung der Elektrizität als Antriebskraft und als Mittel zur immer präziser werdenden Steuerung der Produktion aus. Bis 1950 wurden die alten Transmissionen abgeschafft und der Webereibetrieb gänzlich auf Einzelantrieb umgestellt. In den folgenden Jahren weitete sich die Verwendung der Elektrizität auf die Überwachung der Kett- und Schußdrähte in den Webstühlen aus, von 1967/68 an wurde auch der Drahtvorrat in den Schußspulen elektrisch kontrolliert. Solche Innovationen dienten dazu, die Stillstandszeiten und insbesondere den Vorbereitungsaufwand in Relation zu den Laufzeiten der Webstühle zu reduzieren. In der Maschinenfabrik hat sich die verbreitete Verwendung der Elektrizität zweifellos ebenfalls positiv ausgewirkt, vor allem durch die dadurch erzielte größere Flexibilität des Energieeinsatzes, z.B. bei Hebearbeiten. Der größte Nutzen der Elektrizitätsverwendung im Maschinenbau folgte jedoch aus den damit gleichzeitig verbundenen Produktverbesserungen, also wiederum aus den Produktinnovationen.

Prozeßinnovationen scheinen die größte Bedeutung für die Drahtweberei gehabt zu haben. Hier erfolgte der wohl bedeutendste Fortschritt in der jüngsten Geschichte der Firma und der gesamten Industrie offenbar in den 1970er Jahren mit der Entwicklung des schützenlosen Webverfahrens. Das Verfahren eines schützenlosen Webstuhls war bereits in den 1960er Jahren in der Textilindustrie mit Erfolg eingeführt worden, schien aber in der Drahtweberei zunächst nur für schwere und schwerste Drahtwebmaschinen geeignet zu sein. Nach wenigen Jahren fand man jedoch Wege, diese Verfahren für die feinsten Drähte anzuwenden. Damit wurde gleichzeitig eine relative Reduktion der Stillstandszeiten der Webstühle, eine Beschleunigung der Schußgeschwindigkeit und eine Erweiterung der Mehrstuhlbedienung durch die Weber möglich[38]. Die feste Relation, ein Weber für einen Webstuhl, die zwar in den 1920er Jahren teil- und zeitweise für Fliegengaze und seit 1937 bei der Feinweberei schon durchbrochen worden war, konnte jetzt fast für die ganze Drahtweberei aufgehoben werden.

Eine entsprechende Produktivitätssteigerung läßt sich in der Drahtweberei deshalb auch in den 1970er Jahren beobachten. Die Geschäftsleitung von Haver & Boecker berichtet 1979 von einer Verdreifachung der Geschwindigkeit der Webautomaten gegenüber den Schützenwebstühlen; die Zahl der Webstühle konnte deshalb gegenüber der Mitte der 1970er Jahre um 12 Prozent reduziert werden[39]. Im Zeitraum von 1970 bis 1985 scheint sich die Zahl der Webstühle sogar um fast ein Viertel verringert zu haben, während der physische Output weiterhin gestiegen ist. Einen Hinweis auf die Entwicklung des physischen Outputs gibt die Steigerung Webzeit pro Webstuhl und der Schußgeschwindigkeit in den letzten zehn Jahren.

37 Die folgenden Bemerkungen benutzen die interessante Darstellung von W. Volpert u. H. Tiggesbäumker, *in:* HB-Kurier IV/1979.

38 Vgl. HB-Kurier II/1977, S. 6.

39 HB-Kurier II/1979, S. 5.

Tabelle 16: Jahreslaufzeit und durchschnittliche Schußzahl je Minute aller Webstühle Haver & Boecker, 1977–1986

Jahr	Webzeit je Webstuhl und Jahr Stunden	Geschwindigkeit Schußzahl je Minute
1977	2.675	50.3
1978	2.595	51.6
1979	2.652	53.5
1980	2.760	56.9
1981	2.740	58.5
1982	2.899	59.2
1983	3.041	63.5
1984	3.203	69.0
1985	3.494	70.3
1986	3.597	77.5

In der Tabelle 17 wird nun versucht, auch die wertmäßigen Produktivitätseffekte dieser Innovation näher zu identifizieren. Mit der Berechnung des wertmäßigen Umsatzes bei der Unterstellung konstanter Preise[40] kommt man zu einem doppelten Ergebnis: einerseits erfolgte in der Nachkriegszeit eine bedeutende reale Produktivitätssteigerung, andererseits läßt sich in den 1970er Jahren aber kein offensichtlicher Bruch in der Entwicklung feststellen. Die größeren Steigerungen der Produktivität finden sich bei den Webstühlen, und nicht bei den Arbeitern. Das mag auf die veränderte Qualität der Webstühle – bis 1985 sind fast die Hälfte der Webstühle durch neue Webmaschinen ersetzt worden – zurückzuführen sein.

Tabelle 17: Produktivitätsentwicklung der Drahtweberei von Haver & Boecker, 1950–1985

Jahr	Zahl der Arbeiter	Zahl der Webstühle	Umsätze (in 1.000 DM)	Umsatz je Arbeiter	Umsatz je Webstuhl	Output Preis-index
1950	129	140	3.981	30,9	28,4	100
1960	219	229	11.411	52,1	49,8	139
1970	258	288	22.295	86,4	77,4	151
1980	276	239	33.862	122,7	141,7	241
1985	268	218	52.161	194,6	239,3	305

Eine noch weitergehende quantitative Rekonstruktion der Produktivitätsentwicklung in der Drahtweberei während dieses Zeitraumes lohnt sich wahrscheinlich nicht. Bedeutende technische Fortschritte im Produktionsprozeß sind ebenso unbestreitbar wie die Tatsache, daß diese Fortschritte auch Kosten verursacht haben, wie z.B. Planungsarbeiten, die nicht direkt im Produktionsprozeß im engeren Sinne anfallen und daher nicht genau zu quantifizieren sind. Eine Beschränkung der Betrachtung auf die eindrucksvolle Entwicklung der technischen Leistungsfähigkeit der Webstühle und der Weber trägt den Koordinierungs- und Planungskosten nicht hinreichend Rechnung.

Ein quantitativer Aspekt der Produktivitätsentwicklung soll jedoch noch veranschaulicht werden, und zwar die Entwicklung der Output- und Inputpreise der Drahtweberei im Zeitraum von 1950 bis 1985.

40 Mit den in Tabellen und erläuterten Drahtgewebepreisen.

Tabelle 18: Jährliche Wachstumsraten der geschätzten Output- und Inputpreise der Drahtweberei von Haver & Boecker, 1950–1985 (in Prozent)

(a) von den oberen Wendepunkten gemessen

		Input			∅	
Periode	Output	Draht	Arbeit	Kapital	Input	GFP
1951–55		+3,05	+6,51	–2,66		
1955–61		+1,71	+5,56	+1,80		
1961–65		–0,62	+7,10	+2,48		
1965–70	–0,37	+1,79	+10,44	+4,11	+5,40	+5,77
1970–73	+5,19	+2,74	+6,81	+3,25	+4,29	–0,90
1973–80	+4,62	+4,54	+5,91	+4,09	+4,91	+0,29
1980–85	+4,82	+3,51	+4,24	+1,75	+3,33	–1,49

(b) von den unteren Wendepunkten gemessen

1950–54	+6,44	+8,23	+6,94	+1,22	+6,03	–0,41
1954–59	+1,51	+2,44	+5,98	+0,93	+3,30	+1,79
1959–63	+0,53	–0,48	+6,73	+1,76	+2,60	+2,07
1963–67	+0,08	0	+6,07	+1,84	+2,58	+2,50
1967–71	+2,09	+2,47	+10,39	+4,82	+5,83	+3,74
1971–75	+9,31	+8,31	+8,53	+5,38	+7,65	–1,66
1975–82	+3,78	+2,58	+5,23	+4,13	+3,90	+0,12
1950–82	+3,37				+4,46	+1,09

Anmerkung:
In der Tabelle 18 gehen die Preise folgender Produkte ein:
Diamant Fliegengaze (Stahl verzinkt)
Diamant Fliegengaze (Polyäthylen)
Vulkan Gitter (8 x 0,8)
Durchwurf Gewebe (8 x 1,6)
Messingdrahtgewebe (0,5 x 0,32)
Messing Nr. 50 (0,315 x 0,2)

Die Output-Preise der Tabelle 18 stellen arithmetische Mittelwerte dar, d.h., sie sind ungewichtet. Als Preis der Arbeit wurden die effektiven Stundenlöhne (Grundlohn plus Leistungszuschläge) bei Haver & Boecker verwandt. Die Drahtpreise wurden aufgrund der Preise für gezogenen Eisen- und Stahldraht sowie der Preise der Erzeugnisse der Ziehereien und Walzwerke geschätzt[41]. Die Kapitalpreise stellen den arithmetischen Durchschnitt eines Preisindexes für Erzeugnisse des Maschinenbaus und des Zinssatzes für Kontokorrentkredite in der Bundesrepublik zwischen 1950 und 1985 dar[42]. Für die Inputs wurden in der Tabelle 18 andere Gewichte als bei den Daten der Tabelle 11 verwandt, nämlich Draht 40, Arbeit 35 und Kapital 25 Prozent. Die Periodenbildung soll die Vergleichbarkeit der verschiedenen Zeitabschnitte erhöhen.

Unter der Annahme, daß die hier zugrundegelegten Produkte repräsentativ für den Weberei-Output sind und daß die verwendete Input-Struktur zutreffend gewichtet wurde, lassen sich folgende Schlüsse aus der Tabelle 18 ziehen[43]:

41 Statistisches Jahrbuch für die BRD, 1959–86. Der Index befindet sich im Anhang 3 dieses Bandes.
42 Auch aus dem Statistischen Jahrbuch für die BRD, 1959–1986, und Deutsche Bundesbank, Deutsches Geld- und Bankwesen in Zahlen, 1876–1975. Frankfurt 1976, S. 279.
43 Freilich nur unter der weiteren Bedingung der Gültigkeit der dem Begriff „Gesamtfaktorproduktivität" zugrunde liegenden Annahmen (wie z.B. vollkommene Konkurrenz).

(1) Für den Zeitraum von 1950 bis 1985 hat es in der Drahtweberei einen beträchtlichen technischen Fortschritt gegeben: die Inputpreise sind wesentlich stärker gestiegen als die Outputpreise. Die auf diese Weise errechnete „Fortschrittsrate" ist sogar größer als die für die Zwischenkriegszeit[44].
(2) Entgegen unseren Erwartungen, und d.h. trotz der fortschreitenden Automatisierung der Weberei, hat sich der hier gemessene Fortschritt seit den 1970er Jahren eindeutig verlangsamt. Mit dieser Fragestellung werden zugleich Grenzen des Schätzverfahrens angesprochen, denn das hier verwandte Verfahren unterstellt Homogenität des Outputs und des Inputs, während realiter es im Falle der Drahtweberei, besonders seit den 1970er Jahren, zu einer Verlagerung der Aktivität auf die Weiterverarbeitung der Gewebeprodukte und zu einer damit einhergehenden Veränderung in der Qualität des Inputs gekommen ist[45]. Es tritt also erneut das Problem einer angemessenen Berücksichtigung des Wandels der Produktqualität auf. Letzteres scheint ein Leitthema in der Geschichte der Firma Haver & Boecker zu sein: unübersehbar, aber schwer abzuschätzen.

Absatz und Marktentwicklung

Wie für die Wirtschaftsgeschichte der Bundesrepublik überhaupt, ist es auch für die Geschichte der Firma Haver & Boecker sinnvoll, zwischen einer Wiederaufbauphase (1945 bis 1958/59) und der danach beginnenden „normalen" Nachkriegsentwicklung zu unterscheiden[46]. Denn obwohl das Unternehmen die Kriegsjahre erstaunlich gut überstanden hat[47], gab es doch im ersten Zeitabschnitt Kriegsfolgen abzutragen und Umstellungsprobleme zu lösen. Das zeigt sich in der zunächst anhaltenden Dominanz des Umsatzes durch Drahtrollglas, Cedra und Cedrafol; es konnte noch eine Zeitlang als Fensterglasersatz dienen, aber sein Verkauf war bald rückläufig. Die Umstellung auf neue Artikel und neue Märkte traf jedoch auf zahlreiche Schwierigkeiten, z.B. bei der Beschaffung der notwendigen Rohstoffe (Draht aus Eisen und Nicht-Eisen-Metallen), die z.T. noch bewirtschaftet wurden und daher „Naturaltauschgeschäfte" anregte, oder auf das zunächst noch bestehende Verbot von Exporten sowie auf Preisvorschriften, welche den Abschluß profitabler Geschäfte behinderten[46a].

Im Laufe des Jahres 1948 reduzierten sich diese Schwierigkeiten bemerkenswert schnell. Der Geschäftsbericht spricht fast euphorisch von den positiven Auswirkungen der Währungsreform. Rohstoffknappheiten wurden überwunden, die Bewirtschaftung zurückgedrängt, Exportmärkte wieder erschlossen. In diesen Jahren war durch den politisch bedingten Ausfall der früher oft lästig empfundenen Konkurrenz der Thüringer Drahtwebereien eine Angebotslücke am Markt entstanden[48].

Im nächsten Bericht (für das Jahr 1949) ist der Ton schon weniger euphorisch: die Konkurrenz machte sich bemerkbar. Reklamationen der Kunden wurden als wichtiges Zeichen ansteigender Qualitätsansprüche aufgefaßt. Zeichen, die ernst zu nehmen waren[49].

44 Vgl. Kap IV 3, S. 99.
45 Vgl. oben S. 127ff.
46 Vgl. hierzu W. Abelshauser, Wirtschaftsgeschichte der BRD, auch K. Borchardt, Art. Wirtschaftliches Wachstum, etc. in: Zorn (Hrsg.), Handbuch der deutschen Wirtschafts- und Sozialgeschichte, Bd. 2.
46a Diese z.T. politisch bedingten Schwierigkeiten beschreibt für die gesamte Drahtindustrie Heinz Freitag, Die deutsche Drahtindustrie. Versuch einer Markt- und Marktformenanalyse, Diss. Freiburg 1958, bes. S. 130ff.
47 Siehe hierzu Abschrift – insbesondere den Bericht der British Intelligence Objective (1945).
48 Geschäftsbericht für 1948.
49 Dto. für 1949.

Damit war sozusagen die nächste Phase der Nachkriegsentwicklung eingeleitet. Es wurde eine Phase des intensiver werdenden Wettbewerbs, eine Herausforderung, auf die die Firma Haver & Boecker mit ihrer traditionellen Politik, nämlich durch Qualitätsverbesserungen und die Suche nach neuen Produktschwerpunkten, zu antworten suchte.

Zu Beginn dieser Periode stellte die Drahtweberei den Vorreiter des Wachstums dar und bildete noch die größte Abteilung der Firma. Die Weberei stand wohl zu dieser Zeit mit einem Marktanteil von etwa 20 bis 25 Prozent an der Spitze der gesamten deutschen Drahtindustrie[50]. Sie knüpfte über Handelsvertreter sowie über direkte Kontakte mit industriellen Kunden an ihre früheren Verbindungen im In- und Ausland an und folgte dem Nachfragesog des deutschen „Wirtschaftswunders" der 1950er und 1960er Jahre. Sie erkämpfte sich aber auch einen wachsenden Anteil am Export, der ja bald, wie in früheren Jahren, wiederum gut die Hälfte der Produktion abnahm[51]. Auf den internationalen Märkten stellte sich zeitweise harte Konkurrenz ein, die immer wieder Anpassung an veränderte Marktbedingungen erforderte. So führte die Einführung der Kunststoff-Fliegengaze (Polyäthylen) 1957/58 zu einem

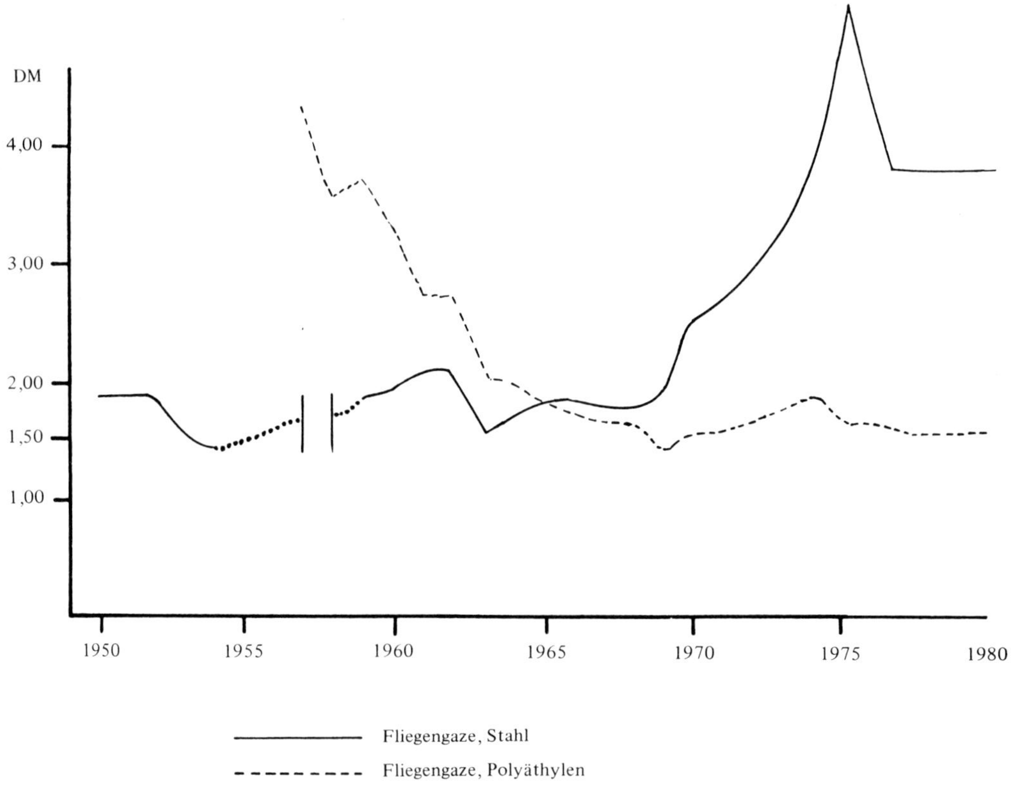

Abbildung 36: Preisentwicklung für Drahtgewebe bei Haver & Boecker, 1950–1980 (DM pro m²)

50 Die Zahl von 25 Prozent mag eine Obergrenze darstellen, denn sie stammt aus einer Ende 1945 gemachten Schätzung der Zahl der Webstühle in den schon mehrfach genannten Britischen Kommissionsberichten, die sich auf die 13 größten westdeutschen Unternehmen der Branche stützten. Vgl. British Intelligence Objectives.

51 Zumindest bis in die 1970er Jahre hinein. Vgl. HB-Kurier.

harten Preiswettbewerb, der dann zu einer allmählichen Verdrängung des metallischen Produktes Fliegengaze. Typisch für den Mechanismus dieser Verdrängung war hierbei der zunächst hohe Preis des neuen Produktes, der dann durch Massenproduktionsvorteile und Konkurrenz stark nach unten gedrückt wurde[52].

An dieser Stelle soll auch auf Bestrebungen der Firma im Jahre 1975 hingewiesen werden, mit der amerikanischen Konkurrenz eine Vereinbarung über den Kauf und die Lizenzierung zum Bau von Webeautomaten zur Herstellung von Aluminium-Fliegengaze herbeizuführen. Eitel Fritz Haver traf mit L.D. Root, von der New York Wire Company in York, Pa. eine Absprache, nach der die amerikanische Firma die Lizenz für den Bau von Webstühlen zur Fertigung von Aluminium Fliegengaze nebst einem betriebsbereiten Webstuhl an Haver & Boecker gab. Im Gegenzug erhielt sie dafür aus Oelde einen Webstuhl zur Herstellung von Fliegengaze aus Kunststoff, die dort entwickelt worden waren. Dies erinnert an die frühere Praxis von Haver & Boecker beim Umgang mit ausländischen Innovationen.

Eine weitere erwähnenswerte Neuerung stellt die Einführung der schützenlosen Webstühle in den 1970er Jahren dar, die schon weiter oben in ihrer Wirkung auf die Produktivität der Drahtwebereien ausführlich diskutiert wurde[53].

Vier Entwicklungen erwiesen sich in der Nachkriegszeit für den Fortbestand der Drahtweberei als bedeutsam:
(1) die mit Hilfe des technischen Fortschritts mögliche Verlagerung der Produktion auf Fein- und sogar Feinstgewebe, die dann Mitte der 1970er Jahre den größten Anteil am Umsatz der Weberei hatten;
(2) der Ausbau der Siebmaschinenabteilung und die eigenständige Weiterverarbeitung der Drahtgewebe überhaupt mit der Folge, daß Ende der 1970er Jahre schon ca. die Hälfte des Umsatzes in dieser Form – „Konfektion" genannt – verdient wurde[54];
(3) die Gründung einer Verbandsorganisation von deutschen und ausländischen Drahtwebereien, welche den Informationsaustausch unter den Mitgliedern über gemeinsame Probleme, wie z.B. Wettbewerbsformen und vor allem Produktnormen, förderte[55] und schließlich
(4) die ebenfalls an anderer Stelle erwähnte Beteiligung der Firma Haver & Boecker an ausländischen Drahtwebereien, um Lohnkostennachteile und Exporthemmnisse zu überwinden[56].

Gegenwärtig (1986) sind in Deutschland und Europa rund 30 bzw. 70 Drahtwebereien aktiv am Markt, wobei die Firma Haver & Boecker als die größte und fortschrittlichste dieser Firmen gelten darf.

Inzwischen ist jedoch die Maschinenbauabteilung der Hauptträger des Wachstums der Firma geworden. Seit den frühen 1960er Jahren erzielte sie über die Hälfte der Umsätze, erreichte in den 1970er Jahren sogar einen Anteil von über 70 Prozent. Dieses Wachstum hing wiederum vom Markterfolg der zwei „Hauptsäulen" der Maschinenfabrik, den Siebmaschinen und den Packmaschinen, ab[57]. Nach anfänglich leichten Vorteilen für die Schwingsiebe konzentrierte sich die Nachfrage zunehmend auf die Packmaschinen. Obwohl der Bergbau zunächst der wichtigste Abnehmer von Schwingsieben gewesen ist, dominierte hier als Nach-

52 Das Produkt scheint ein Fallbeispiel für den Innovationsprozeß zu geben, den J.A. Schumpeter in seinem Buch, Konjunkturzyklen, 2. Bd., Göttingen 1969, beschreibt; Fliegengaze ist ein Gewebeprodukt, bei dem es Massenproduktionsvorteile gab. Vgl. hierzu Abb. 36, S. 130.
53 Vgl. weiter oben Kap. V 3, S. 126.
54 Vgl. HB-Kurier 1981/II.
55 Vgl. Ulrich Gehre, Am sausenden Webstuhl der Zeit, S. 35/36, wo über Fritz Havers Beitrag zum Zustandekommen des BITOM berichtet wird.
56 Wahrscheinlich liegt hier ein Grund für den Rückgang des Exportanteils der Drahtweberei in den 1970er Jahren. Vgl. hierzu HB-Kurier II/1980.
57 Vgl. HB-Kurier I/1976.

frager, je länger um so mehr, die Industrie der Steine und Erden, eine Branche, welche auch den Hauptmarkt für den Absatz von Packmaschinen darstellt. Unter dieser Entwicklung verbirgt sich die bis in die 1980er Jahre stark expandierende Bauindustrie, nicht zuletzt – vor allem in den 1950er und 1960er Jahren – der Straßenbau[58].

Auch die Entwicklung der Maschinenfabrik ging mit einer radikalen Transformation ihrer Produkte einher. Dies gilt in besonderem Maße für die Packmaschinenabteilung: aus der Herstellung von Absackmaschinen wurde eine Produktion von elektronisch gesteuerten Pack-, Füll- und Verlage-Anlagen.

Der Erfolg der Maschinenfabrik zeigt sich in den Umsatzzahlen des Unternehmens. Mitte der 1970er Jahre gingen ca. 90 Prozent der Umsätze der Maschinenfabrik auf das Konto der Packmaschinenabteilung. Dabei wurde dieser Erfolg zunehmend, ja sogar fast ausschließlich im Exportgeschäft realisiert. Seit der Mitte der 1970er Jahre betrug der Exportanteil etwa 80 Prozent[59]. Natürlich hängt diese Veränderung mit den globalen internationalen Nachfrageverschiebungen zusammen: relativ stagnierende Märkte in der Bundesrepublik und wachsende Bauinvestitionen im Ausland, besonders in Ländern der Dritten Welt. Insgesamt stieg der Exportanteil der deutschen Industrieumsätze von etwa einem Sechstel in den späten 1960er Jahren auf über ein Viertel Anfang der 1980er Jahre[60]. Der gezielte Einsatz von technisch geschulten Vertretern im Ausland und der Aufbau einer mobilen Montageabteilung durch Haver & Boecker trug sicherlich entscheidend zu diesen Erfolgen bei. Das ist jedenfalls eine Hypothese, die von der Geschäftsleitung vertreten wird[61].

4. Finanzierung und Geschäftsergebnis

Die unternehmerisch erfolgreiche Entwicklung von Haver & Boecker setzte sich auch nach dem 2. Weltkrieg fort. Verluste mußten nicht verkraftet werden. Die Schwierigkeiten, die immer wieder auftraten, betrafen meist nur bestimmte Zweige des zunehmend diversifizierten Unternehmens und konnten durch Gewinne in anderen Geschäftssparten ausgeglichen werden[62]. Dementsprechend konnte an der Tradition der Selbstfinanzierung festgehalten werden. Aus dem jährlichen Zuwachs des Umsatzes ließen sich die wachsenden Investitionen mehr oder weniger problemlos finanzieren. Nur wenige konkrete Beispiele können hier erwähnt werden[63], so der Ankauf und die Einrichtung des Zweigbetriebes in Sendenhorst 1962, die Fertigstellung des Werkes II der Weberei in Oelde im Jahre 1971, die Umbauten der „ehemaligen Schreinerei" und des „alten Websaals" in der Weberei aus dem Jahre 1982 oder die Umrüstung der Weberei auf schützenlose Webstühle seit Anfang der 1970er Jahre. Hinzu kommen die Auslandsbeteiligungen, die auch einigen Finanzierungsbedarf verursachten, wie z.B. die 1973 in Brasilien gegründete Firma Haver & Beumer.

In der Regel wurden die neuen Anlagen – laut Mitteilungen der Geschäftsleitung – über normale Abschreibungen und aus den Gewinnen finanziert[64]. Schwankungen in den Investitionen reflektieren daher Schwankungen in ihren Hauptfinanzierungsquellen, den Umsätzen. Dieser Zusammenhang galt zumindest bis in die 1970er Jahre[65].

58 Vgl. HB-Kurier I/1976.
59 Vgl. HB-Kurier I/1976 und II/1980.
60 Statistisches Jahrbuch der BRD 1971, 1980 und 1985.
61 Vgl. HB-Kurier I und IV/1979, II/1980, IV/1981, wo auf Zahl der Monteure und Montageaufträge sowie auf deren Schlüsselrolle hingewiesen wird.
62 Vgl. oben S. 113ff. und 129–132.
63 Vgl. hierzu Kap V 1, S. 109ff.
64 Vgl. HB-Kurier I/1980 und II/1984.
65 Korrelationen zwischen Wachstumsraten der Umsätze und des Anlagevermögens ergaben folgende Resultate: 1950–70, r = 0,64; 1971–85, v = 0,12.

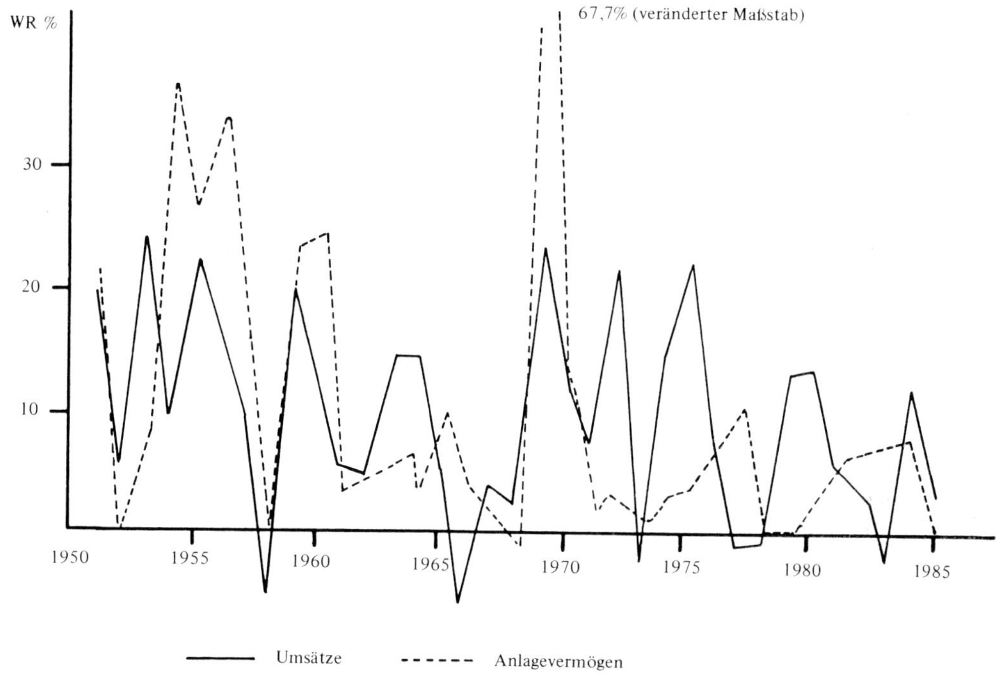

Abbildung 37: Jährliche Wachstumsraten der Umsätze und des Anlagevermögens von Haver & Boecker, 1950–1985

Trotz aller Anzeichen einer gewissen Zurückhaltung seit den 1970er Jahren gilt die Firma Haver & Boecker auch gegenwärtig noch als Industrieunternehmen mit einer überdurchschnittlich aktiven Innovationspolitik[66]. Dabei ist zu berücksichtigen, daß in den Bilanzen des Unternehmens den größten Aktivposten nach wie vor die Vorräte und Kundenkredite (Debitoren) ausmachen, d.h., in gewissem Sinne es auch hier ein „Finanzierungsbedarf" zu decken gilt.

Im großen und ganzen spielen Fremdmittel für die Finanzierung des Unternehmens keine entscheidende Rolle. Mit den Investitionsschwankungen veränderte sich zwar vorübergehend auch der Fremdkapitalanteil, aber dessen Bewegungen waren nicht anhaltend oder gar kumulativ. Lediglich für die zunehmenden Verkäufe von Anlagen an Länder der Dritten Welt seit den 1970er Jahren werden Kredite der Ausfuhrkreditanstalt (AKA) zeitweise stärker beansprucht, jedoch ohne anhaltende Tendenz. Von wesentlich größerer Bedeutung auf der Passivseite sind die Rückstellungen, insbesondere für die betriebliche Altersversorgung, die 1950 eingerichtet wurde; aber auch sie stellen keine Mittelzufuhren von außen dar. Selbstverständlich werden auch kurzfristige Kredite im Zusammenhang mit dem Kauf von Zulieferteilen u.ä. in Anspruch genommen, die in gewissen Grenzen einen Gegenposten zu den eigenen Lieferantenkrediten darstellen.

So präsentiert sich die Firma Haver & Boecker am Ende der ersten einhundert Jahre ihres Bestehens als ein solides, selbständiges Unternehmen, finanziell unabhängig und fest in den Händen der Familie ruhend, die es bereits im Jahre 1887 gegründet hat.

66 HB-Kurier II/1979.

VI. ZUSAMMENFASSUNG UND AUSBLICK

Die ersten einhundert Jahre des Bestehens der Firma Haver & Boecker präsentieren sich also in der Tat als eine Erfolgsgeschichte mittelständischen deutschen Unternehmertums. Dies bleibt zweifelsohne zu konstatieren; und als eine wesentliche Erfolgsursache drängt sich die außerordentlich hohe Anpassungsfähigkeit des Unternehmens an drastisch veränderte Wirtschaftsverhältnisse geradezu auf.

Schon die Gründung des Unternehmens stellt einen Akt planvoller Zukunftsbewältigung dar. Der Gründer Carl Haver sah im Zuge des offensichtlichen ökonomischen Strukturwandels in dem überkommenen Manufakturwarengeschäft in Schwerte keine Existenzgrundlage für seine wachsende Familie mehr. Der Kleinhandel geriet gegenüber dem expandierenden gewerblichen Sektor so eindeutig ins Hintertreffen, daß Carl Haver zukunftsmutig seine verfügbaren Ressourcen in die gewerbliche Produktion transferierte, sein Handelsgeschäft auflöste und eine Fabrik in Hohenlimburg gründete.

Hierbei nutzte er offenbar alle ihm zur Verfügung stehenden Informationen und Mittel. Er gründete eine Drahtweberei, weil dies eine Branche war, in der ein Teil seiner Familie bereits erfolgreich tätig geworden war, machte sich selbst mit der Webtechnik vertraut und versicherte sich darüber hinaus eines mit der Branche vertrauten Partners. Wie wichtig gerade der Rückhalt in der Familie war, zeigen die finanziellen Schwierigkeiten schon kurz nach der Gründung des Unternehmens, die nur im Wege der Unterstützung durch die Familie zu lösen waren.

Als Carl Haver feststellte, daß sein Partner Eduard Boecker nicht das hielt, was er sich von diesem versprochen hatte, löste er sich von ihm und übernahm die Firma allein. Auch zeigte er sich gegenüber technischen Neuerungen sehr aufgeschlossen und unternahm sehr früh den Versuch zur Mechanisierung der Drahtweberei. Als dieses Unterfangen scheiterte, wählte Carl Haver einen anderen Weg zur Lösung des nunmehr um so drückenderen Arbeitskostenproblems: er verlegte seine Fabrik 1897 von Hohenlimburg nach Oelde, wo er mit weitaus niedrigeren Löhnen zu rechnen hatte.

Hier im ländlichen Westfalen begann der zunächst recht mühsame Aufstieg der Drahtweberei von Haver & Boecker. Die Experimente mit der Mechanisierung der Drahtweberei hatten die finanziellen Reserven des Unternehmens stark belastet, und am neuen Standort gaben die zwar billigen, aber in der Industriearbeit unerfahrenen Arbeitskräfte einige Probleme auf. Als diese Schwierigkeiten allmählich überwunden schienen, starb Carl Haver im Jahre 1905.

Die Firma sah sich jedoch in der glücklichen Lage, in Walther Haver, dem ältesten Sohn des Gründers, einen bereits in die Geschäfte eingeführten Nachfolger seines Vaters zu haben. Auch als Walther 1914 einrücken mußte und bereits kurz darauf fiel, konnte die Firma auf seinen Bruder Erich als Leiter des Unternehmens zurückgreifen. Erich Haver prägte seitdem den Aufschwung der Firma bis in die fünfziger Jahre, ab 1919 gemeinsam mit seinem Bruder Fritz.

Der Aufschwung der Firma setzte vor allem nach dem 1. Weltkrieg ein, als man dazu überging, sukzessive neue Produkte und moderne Produktionsverfahren einzuführen. Schon 1911 war damit begonnen worden, als neben der Drahtweberei die Herstellung von Drahtsack-Verschlüssen aufgenommen worden war.

1923 hatte Fritz Haver auf einer Reise in die USA die Lizenz für ein neues Webverfahren erworben, die sogenannte Steckschützen-Weberei, mit der Fliegengaze aus harten Drähten hergestellt werden konnte. Diese Innovation hatte für das Unternehmen weitreichende Konsequenzen, denn einerseits konnte ein neues Produkt, „Diamant-Fliegengaze", sehr erfolgreich auf den Markt gebracht werden, zum anderen bildete die eigenständige Herstellung der Steckschützen-Webstühle die Grundlage der späteren Maschinenfabrik.

Das Jahr 1925 wurde für Haver & Boecker deshalb zu einem wichtigen Meilenstein in der Firmengeschichte. Aus der Erfahrung heraus, eigenständig Drahtwebstühle herstellen zu können, wurde der Entschluß gefaßt, der Drahtweberei eine eigene Maschinenfabrik anzugliedern, die sich zunächst mit der Produktion von Packmaschinen beschäftigte. Darüber hinaus wurde im gleichen Jahr auch in der Drahtweberei ein neues Produkt kreiert, das im Laufe der Jahre noch große Bedeutung erlangen sollte: das „Cedra-Drahtrollglas", ein celloniertes Drahtgewebe, das als Ersatz für Fensterglas geeignet war. Auch die Maschinenfabrik entwikkelte sich recht gut und nahm 1930 die Produktion von Siebmaschinen auf. Diese Produktionsausweitung erwies sich als doppelt vorteilhaft, denn einmal konnten die Kapazitäten der Maschinenfabrik besser ausgelastet, und zum anderen das Vorprodukt, die Siebe, in der eigenen Drahtweberei hergestellt werden. 1930 wurde das erste „Niagara-Schwingsieb" ausgeliefert.

Trotz kräftiger Beschäftigungseinbrüche Anfang der 1930er Jahre konnte sich die Firma bis zum 2. Weltkrieg gut entwickeln und sogar 1937 ein Zweigwerk in Oelde errichten. Auch während der folgenden schwierigen Kriegsjahre vermochte sich das Unternehmen so zu behaupten, daß Ende 1945 eine alliierte Kommission, die die verschiedenen Drahtwebereien in Westdeutschland besichtigt hatte, der Firma Haver & Boecker einen ausgezeichneten Zustand bestätigen konnte.

Auf dieser Basis setzte sich dann der Ausbau des Unternehmens fort. Schon 1941 war mit der Produktion elektromagnetischer Siebmaschinen begonnen worden. Dieser Produktionszweig wurde nun weiter.ausgebaut und um die Herstellung von Laborsiebmaschinen erweitert. Ebenso wurde das Packmaschinenprogramm modernisiert und ergänzt, u.a. um Packmaschinen mit Vorverdichtung (1954) und Roto-Packer (1960).

Anfang der 1960er Jahre reichten die Produktionskapazitäten in Oelde zur Herstellung des gesamten Produktionsprogramms nicht mehr aus. Hinzu kamen Schwierigkeiten bei der Mobilisierung ausreichender Arbeitskräfte. Deshalb entschloß sich das Unternehmen, den Schritt über Oelde hinaus zu wagen. Zunächst kam es 1962 zur Einrichtung eines Zweigwerkes der Drahtweberei im benachbarten Sendenhorst, 1969 folgte die Übernahme einer Maschinenfabrik in Münster von einem anderen in Schwierigkeiten geratenen Unternehmen. Aber damit war die Expansion des Unternehmens noch nicht beendet. 1973 erfolgte der Schritt nach Übersee zusammen mit der befreundeten Firma Beumer aus Westfalen nach Brasilien, und 1973 dann nach Portugal. Schließlich entstanden Zweigwerke 1977 in England und 1979 in Belgien.

Auch die Produktionsverfahren der Drahtweberei unterlagen in dieser Zeit ständigen Veränderungen und Verbesserungen. Vor allem ist hier die Einführung der Schützenlosen-Webautomaten in den 1970er Jahren zu erwähnen, die die Produktivität in der Drahtweberei deutlich erhöhten.

Getragen und geleitet wurde die Expansion von Haver & Boecker vor allem von den beiden Söhnen von Erich und Fritz Haver, Rudolf und Eitel Fritz Haver, die seit Anfang der 1950er Jahre in der Geschäftsführung mitwirkten und seit dem Tode ihrer Väter die Firma in eigener Verantwortung leiten. Rudolf Haver hat sich dabei der Leitung der Maschinenfabrik, Eitel Fritz Haver der Drahtweberei zugewandt. Beide stellen nun bereits die dritte Generation der Gründerfamilie und wenden sich in bewährter Weise der Bewältigung der kommenden Aufgaben zu.

Hier werden sie sich in der absehbaren Zukunft neuen Konfrontationen gegenübersehen. Denn mit der Entwicklung der Firma Haver & Boecker zu einem international operierenden

Unternehmen treten auch die Gefährdungen des Weltmarktes ungemindert an dieses Unternehmen heran. Ebenso lassen technologische Veränderungen auf weitere Herausforderungen schließen.

Die Maschinenfabrik liefert große Teile ihrer Produktion ins Ausland, und hier wegen der Verflechtung ihres Produktionsprogramms mit der Bau- und Bauausrüstungsmaschinenindustrie vor allem in die aufstrebenden Entwicklungs- und Schwellenländer. Deren Nachfrage hängt aber sehr eng mit dem Ölpreis und dem Dollarkurs zusammen. Die Risiken der Entwicklung dieser beiden Größen schlagen deshalb unmittelbar auf die Nachfrage und das Geschäftsergebnis durch.

Tabelle 19: Deutsche Drahtgewebe-Produktion und Ausfuhr 1965–1986, Japanische Drahtgewebe-Ausfuhr 1972–1986

	1	2	3	4
	B.R. DEUTSCHLAND		JAPAN	Umrechungskurs
	Produktion	Ausfuhr	Ausfuhr	
Jahr	TDM	TDM	TDM	1 DM = YEN
1965	105.556	29.265		
1966	106.042	32.482		
1967	103.420	35.836		
1968	108.557	38.907		
1969	142.597	41.354		
1970	150.066	47.228		
1971	156.646	46.463		
1972	150.000	48.430	35.712	95.57
1973	173.300	55.712	42.320	100.95
1974	200.000	72.928	70.415	112.36
1975	150.400	63.658	54.212	120.57
1976	152.022	60.470	61.567	117.52
1977	154.622	64.509	71.658	115.33
1978	153.964	61.137	70.121	104.06
1979	170.337	67.170	68.269	118.86
1980	190.728	73.870	86.286	123.92
1981	185.772	76.683	109.018	97.54
1982	192.054	67.156	87.504	102.39
1983	184.148	69.929	77.534	92.89
1984	233.902	93.483	109.242	83.54
1985	256.074	106.436	114.463	81.02
1986	221.211	112.370	75.870	77.52

1 Kohlhammer-Verlag: Statistik Produzierendes Gewerbe, Fachserie 4, Reihe 3.1, Drahtgewebe (Melde-Nr. 3017.35/3017.49).

2 Statistisches Bundesamt Wiesbaden: Außenhandelsstatistik, Waren-Nrn. 7327 140, 7327 180, 7411 300, 7506 802, 7616 610.

3 Japan, Statistisches Büro, Exports of Commodity, Waren Nrn. 72.27–011, 73.27–012, 73.27–019, 73.27–090, 74.11–090, 76.16–030.

4 Durchschnittlicher Umrechnungskurs DM in Yen.

Dies gilt auch für die Drahtweberei, die ja ebenfalls einen beachtlichen Teil ihrer Produkte im Ausland absetzt, allerdings in anderen Regionen. Für die Drahtweberei kommt jedoch eine technologisch bedingte Gefährdung hinzu. In vielen Bereichen werden heute bereits natürliche Stoffe durch synthetische ersetzt.

Dasselbe gilt auch für viele Metallgewebe, die durch monofile Chemiedrahtgewebe und Polyurethan-Siebböden verdrängt worden sind. Auch werden zunehmend neue Verfahren eingeführt, die das traditionelle Metallweben überflüssig machen, wie z.B. das Stanzen von Lochblechen, das Strecken von Metallen oder die galvanische Herstellung von Sieben. Alle diese Verfahren und die damit gefertigten Produkte stellen eine ständige Bedrohung für die Absatzmärkte der Firma Haver & Boecker dar.

Aber nicht nur der technischen Entwicklung drohen Gefahren, vor allem auch das Auftreten der neuen Preiskonkurrenz aus Fernost gibt für die deutsche Drahtwebereien Anlaß zur Sorge. In den letzten zwanzig Jahren hat die japanische Konkurrenz sich zunehmend in den internationalen Märkten etablieren können und ist zum Hauptkonkurrenten der deutschen Drahtwebereien herangewachsen.

Für die Geschäftsleitung von Haver & Boecker bleibt deshalb auch in Zukunft genügend zu tun. Die Erfahrungen der Firma in den vergangenen einhundert Jahren geben aber zu der Erwartung Anlaß, daß sich das Unternehmen auch gegen alle zukünftigen Herausforderungen erfolgreich behaupten wird.

VII ANHANG

1. Chronik der Firma Haver & Boecker, 1887–1987

1887 Gründung der Drahtweberei in Hohenlimburg durch Carl Haver und Eduard Boecker

1890 Erster Versuch der Einführung eines mechanischen Drahtwebstuhls gescheitert

1891 Ausscheiden von Eduard Boecker aus der Firma

1897 Verlegung der Firma nach Oelde in Westfalen

1902 Zweiter Versuch zur Mechanisierung der Drahtweberei erfolgreich

1905 Tod des Gründers Carl Haver; Weiterführung des Unternehmens durch seinen Sohn Walther Haver

1911 Beginn der Herstellung von Drahtsack-Verschlüssen

1914 Tod von Walther Haver; Weiterführung des Unternehmens durch seinen Bruder Erich Haver

1920 Fritz Haver tritt neben seinen Bruder Erich in die Geschäftsführung ein

1922 Kurzer Streik der Oelder Metallarbeiter

1923 Aufstellung der ersten Steckschützen-Webstühle
Beginn der Produktion von „DIAMANT-Fliegengaze"

1924 Einziger größerer Streik bei Haver & Boecker wegen Lohnanpassung nach Inflation

1925 Beginn der Produktion von "CEDRA-Rollglas"
Angliederung der Maschinenfabrik

1926 Erste „HAVER-Ventilsack-Packmaschine"

1928 Durchlauf-Verzinkungsanlage für „VULKAN-Gitter"

1930 Erstes „NIAGARA-Schwingsieb"
Drahtsiebböden aus NIA-Stahl

1937 Aufnahme der Produktion im Werk II (Ahmenhorst)
Eigenkonstruktion Feinwebstühle

1940 Erste Sieb- und Filtergewebe aus monofilen Plastikdrähten

1941 Erste elektromagnetische Antriebe für Schwingsiebe

1943 Fertigung von „CEDRAFOL"

1949 Aufnahme der Produktion von Laborsiebmaschinen

1953 Rudolf und Eitel Fritz Haver, Söhne von Erich und Fritz Haver,
treten in die Geschäftsführung ein

1956 Tod von Erich Haver

1958 Gründung der TYLINTER Inc. in Mentor, USA

1960 Erster „HAVER-Roto-Packer"

1962 Beginn der Drahtgewebeproduktion in Sendenhorst

1969 Übernahme einer Maschinenfabrik in Münster

1970 Tod von Fritz Haver

1971 Gründung der HAVER & BOECKER (U.K.) Ltd., HBUK in London, England

1973 Gründung des Zweigwerkes HAVER & BEUMER, HBL, in Brasilien

1973 Gründung der Firma PRETELA in Portugal

1976 Einführung des schützenlosen Drahtwebstuhls

1977 Gründung der HAVER-FILLING-SYSTEMS Inc., HFS, in Harrison, USA

1978 Gründung der H & B Wire Fabrications Ltd., HBWF, in Warrington, England

1979 Gründung der HAVER BELGIUM S.A., HBSA, in Fléron, Belgien

1980 Gründung der HAVER & BOECKER A.T.S.A., HBAT, in Barcelona, Spanien

1982 Gründung der HAVER FRANCE S.A.R.L., HFP, in Paris, Frankreich

1987 Einhundert Jahre HAVER & BOECKER

2. Daten zur Produktivitätsberechnung

a) Produktpreise (Gewebe) (M., RM bzw. DM pro m²)

Nr.	Produkt	1902	1906	1910	1928	1932	1937	1950
1.	Diamant Fliegengaze Stahl, verzinkt	0,75	0,90	0,90	1,05	0,85	0,82	1,90
2.	Messing Nr. 50 MS 63 w–0,315mm d –0,2mm	5,00a)	5,95b)		4,95	3,25	3,50	
3.	Vulkan-Gitter 8 v. 0,8mm	1,45	1,40	1,20	1,90	1,38	1,50	3,75
4.	Durchwurf-Gewebe 8 v. 1,6mm	3,00c)	2,70	2,50	2,25	1,85	1,95	3,90
5.	Durchwurf ES MW 10 v. 2,5mm		2,80		3,75		2,85	
6.	Eisengewebe, Qual. 1 Nr. 2, 2½ verzinkt		0,85		1,05		0,87	
7.	Eisengewebe, Qual. 1 Nr. 3 verzinkt				1,15		0,92	
8.	Eisengewebe, Qual. 1 Nr. 12, roh				1,15		0,90	
9.	Eisengewebe, Qual. 1 Nr. 20, roh				1,50		1,10	
10.	Milchsieb, verzinnt				3,75		2,50	

a) 1903
b) 1905
c) 1903

b) Inputpreisindex

Nr.	Input	1906	1913	1928	1932	1937	1950
1.	Drahtpreis[a)]	91	100	113	91	95	204
2.	Lohn (Stunden)[b)]	92	100	192	124	137	240
3.	Kapitalpreis[c)]	94	100	109	94	84	136
4.	Gewichte[d)]						
	a) Draht			48 %			
	b) Arbeit			25 %			
	c) Kapital			27 %			

a) Angaben für 1906–13 (M. bzw. RM pro 100 kg Draht) aus: Statistisches Jahrbuch für das Deutsche Reich, 1901–14 und für 1913–50 aus: Statistisches Jahrbuch für das Deutsche Reich, 1937 und aus: Karl Heinz Freitag, Die deutsche Drahtindustrie. Versuch einer Markt- und Marktformenanalyse, Diss. Univ. Freiburg i.B. 1958, Anhang 44.

b) Mitteilung der Firma Haver & Boecker.

c) Mittelwert des Preisindexes für Investitionsgüter (W. Hoffmann u.a., Das Wachstum der deutschen Wirtschaft seit der Mitte des 19. Jahrhunderts. Berlin, Heidelberg, N.Y., 1965) und des Diskontsatzes (Deutsche Bundesbank, Deutsches Geld- und Bankenwesen in Zahlen, Frankfurt 1976).

d) Aufgrund der Kostendaten der Firma Haver & Boecker für 1928/20; Geschäftsberichte von 1930/31.

3. Indexzahlen zur Berechnung der Inputpreise der Drahtweberei von Haver & Boecker, 1950–1985

Jahr	Drahtpreis[1]	Arbeitspreis		Kapitalpreis			Outputpreis
		Stundenl.[2]	Index	Zins[3]	Maschinen[4]	Zus.	
1950	100	1,40	100	100	100	100	100
1951	131	1,56	111	119	118	119	
1954	139	1,85	132	89	121	105	128
1955	148	2,02	144	89	124	107	
1959	157	2,49	178	85	134	110	138
1960	164	2,70	193	101	137	119	139
1961	164	2,82	201	87	143	115	
1963	154	3,26	233	85	150	118	
1965	160	3,74	267	92	161	127	
1967	154	4,16	297	87	166	127	
1970	175	6,30	450	131	180	156	151
1971	170	6,30	450	111	196	154	156
1973	190	7,73	552	128	214	172	
1975	237	8,86	633	124	257	191	223
1980	261	11,69	835	136	322	229	241
1982	284	12,78	913	151	359	255	
1985	311	14,45	1032	107	393	250	305

1 Statistisches Jahrbuch für die BRD, 1959–86 (bis 1968, Eisen- und Stahl-Draht, gezogen; 1958–85, Erzeugnisse der Ziehereien und Kaltwalzwerke).

2 Mitteilung der Firma Haver & Boecker (Effektivlohn, Arbeiter).

3 Deutsche Bundesbank, Deutsches Geld- und Bankenwesen in Zahlen, 1876–1975 (1950–74); Statistisches Jahrbuch für die BRD, 1976–86 (1975–85: Kontokorrentkredite).

4 Hoffmann u.a., Das Wachstum der deutschen Wirtschaft (Investitionsgüterpreisindex, 1950–59); Statistisches Jahrbuch für die BRD, 1960–86 (Maschinenbauerzeugnisse, 1950–86).

5 Mitteilung der Firma Haver & Boecker (ungewogener Durchschnitt der Preise von 5 verschiedenen Drahtgeweben).

4. Gefallene Betriebsangehörige der Firma Haver & Boecker (1939–1945)

Arnold Allendorf	Maschinenschlosser
Gerhard Aschhoff	Maschinenschlosser
Heinrich Bernzen	Schmied
Heinrich Biermann	Drahtweber
Bernhard Brand	Maschinenschlosser
Willi Brand	Maschinenschlosser
Josef Brentrup	Technischer Zeichner
Franz Brinkmann	Drahtweber
Bernhard Bröker	Drahtweber
Heinz Bröker	Maschinenschlosser
Hans Bussmeier	Drahtweber
Heinrich Campmann	Dreher
Albert Diekmann	Drahtweber
Heinrich Funke	Drahtweber
Heinrich Gedrange	Maschinenschlosser
Heinz Grabe	Bohrer
Heinrich Gresshoff	Maschinenschlosser
Erich Haltenberg	Maschinenschlosser
Josef Honnef	Drahtweber
Rudolf Klaschus	Elektriker
Heinrich Knipping	Drahtweber
Wilhelm Krampe	Drahtweber
Bernd Kröger	Maschinenschlosser
Fritz Kühn	Lagerarbeiter
Erich Lakenbrink	Drahtweber
Paul Langhorst	Drahtweber
Bernhard Leifeld	Maschinenschlosser
Heinrich Lesemann	Drahtweber
Gustav Lindemann	Ind.-Kfm.
Franz Lukas	Gewebeprüfer
Heinz Mormann	Maschinenschlosser
Bernhard Mühlenstrodt	Maschinenschlosser
Arnold Niermann	Maschinenschlosser
Franz Niggemann	Drahtweber
Heinrich Nolte	Maschinenschlosser
Klaus Oesterwinter	Maschinenschlosser
Hermann Ottomeyer	Lagerarbeiter
Werner Pleske	Dreher
Bernhard Pöttker	Drahtweber
Heinz Rabener	Maschinenschlosser
Alfred Reckhenrich	Maschinenschlosser
Heinz Ries	Drahtweber
Heinz Roos	Maschinenschlosser
Hans Sass	Ingenieur
Johann Sobolewski	Drahtweber
Conrad Schlebrügge	Maschinenschlosser
Peter Schmitt	kaufm. Angestellter

Bernhard Schniederjürgen	Dreher
Walter Schroerlücke	Drahtweber
Willi Schünemann	Maschinenschlosser
Heinz Schwarz	Maschinenschlosser
Josef Strake	Drahtweber
Heinrich Stricker	Spuler
Heinrich Thon	Drahtweber
Leopold Tollkötter	Schlosser
Anton Vennwald	Maschinenschlosser
Heinrich Vennewald	Drahtweber
Wilhelm Vennewald	kaufm. Angestellter
Theo Wonnemann	Maschinenschlosser
Josef Zummersch	Maschinenschlosser

5. Gesellschaftsformen und Firmierung

Carl Haver & Ed. Boecker	als Einzelfirma eingetragen beim Amtsgericht Hohenlimburg am 25.8.1887
Firmensitz verlegt nach Oelde	Eintragung beim Amtsgericht Oelde am 22.7.1897
Offene Handelsgesellschaft	30.12.1904
Kommanditgesellschaft	1.3.1915
Änderung des Firmennamens in	Haver & Boecker am 28.7.1954
Offene Handelsgesellschaft	28.3.1985

6. Persönlich haftende und geschäftsführende Gesellschafter

	Prokura	persönlich haftender Gesellschafter	
Carl Haver		25.8.1887	1905 gestorben
Walther Haver	3.5.1901	4.1.1905	1914 gefallen
Erich Haver	4.1.1905	25.4.1914	1956 gestorben
Fritz Haver	17.1.1919	21.3.1925	1970 gestorben
Rudolf Haver	2.4.1951	24.2.1953	
Eitel Fritz Haver	2.4.1951	24.2.1953	